史 科 著

钢纤维混凝土梁柱节点抗震性能

Seismic Performance
of Steel Fiber Reinforced Concrete Beam-Column Joints

化学工业出版社

·北京·

内 容 简 介

《钢纤维混凝土梁柱节点抗震性能》就低周反复荷载作用下钢筋钢纤维高强混凝土梁柱节点的抗震性能进行了较为系统的试验研究和理论分析。通过梁柱节点梁端循环加载试验，量测了梁柱节点的裂缝开展和分布、破坏特征、钢筋应变、梁端荷载-位移滞回曲线等，探讨了混凝土强度、柱端轴压比、节点核心区配箍率、钢纤维体积率及其掺入梁端长度对钢筋钢纤维高强混凝土梁柱节点抗震性能的影响；通过研究梁柱节点受力特点及破坏机理，分别基于统计分析方法和软化拉压杆模型、修正压力场理论以及混凝土八面体强度模型等钢筋混凝土构件抗剪的基本理论，提出了钢筋钢纤维高强混凝土梁柱节点受剪承载力的计算方法；提出了能够反映钢筋钢纤维高强混凝土梁柱节点恢复力特点的刚度退化三折线定点指向型恢复力模型；将变形与累积能量耗散指标相结合，建立了循环荷载作用下钢筋钢纤维混凝土梁柱节点损伤的计算模型。

本书可为从事土木工程设计、施工的工程技术人员和科研人员提供具体指导，也可作为高等院校相关专业师生的教学参考书或教材使用。

图书在版编目（CIP）数据

钢纤维混凝土梁柱节点抗震性能/史科著 . —北京：化学工业出版社，2023.5（2023.11 重印）
ISBN 978-7-122-42975-9

Ⅰ.①钢⋯　Ⅱ.①史⋯　Ⅲ.①金属纤维-纤维增强混凝土-梁-节点-抗震性能　Ⅳ.①TU323.3②TU352.1

中国国家版本馆 CIP 数据核字（2023）第 027080 号

责任编辑：尤彩霞　刘丽菲　　　　　　文字编辑：王　琪
责任校对：王　静　　　　　　　　　　装帧设计：张　辉

出版发行：化学工业出版社（北京市东城区青年湖南街 13 号　邮政编码 100011）
印　　装：北京科印技术咨询服务有限公司数码印刷分部
710mm×1000mm　1/16　印张 10¼　字数 180 千字　2023 年 11 月北京第 1 版第 2 次印刷

购书咨询：010-64518888　　　　　　　售后服务：010-64518899
网　　址：http://www.cip.com.cn
凡购买本书，如有缺损质量问题，本社销售中心负责调换。

定　　价：68.00 元　　　　　　　　　　　　　　版权所有　违者必究

　　地震荷载作用下，梁柱节点承受数倍于梁端和柱端的剪力，是框架结构中易受损部位。要使节点满足延性框架中"强柱弱梁、强节点弱构件"的抗震设计原则，则截面尺寸往往过大或箍筋配置较多，给施工带来较大麻烦，同时难以有效控制裂缝的产生。钢纤维混凝土作为一种新型高性能材料，具有抗拉强度高、延性好、耗能能力强等特点，研究表明将钢纤维混凝土应用到建筑物相关构件中，可以显著改善结构的延性和耗能能力。过去的几十年里，国内外学者对钢筋钢纤维混凝土梁柱节点进行了大量的试验研究和理论研究。在试验研究方面，主要集中于分析钢纤维体积率和配箍率等对梁柱节点抗震性能的影响，对柱端轴压比、混凝土强度以及钢纤维掺入梁端长度等的研究相对较少，且对梁柱节点变形和钢筋应变的分析较少。在梁柱节点受剪承载力计算方面，国内外学者针对钢筋混凝土梁柱节点提出了斜压杆模型、桁架模型和拉压杆模型等较多的受力机理和计算方法，但至今未达成一致；有关钢筋钢纤维混凝土梁柱节点受剪机理的研究则更少，建立的计算公式多为基于试验数据的回归分析，因缺乏理论模型，使其离散性较大。除受剪承载力计算外，损伤演化特性和恢复力性能也是抗震性能研究的重点，目前钢筋钢纤维混凝土梁柱节点此方面的研究较少。钢筋钢纤维高强混凝土梁柱节点的受剪性能、损伤特性以及恢复力性能的理论研究更是缺乏，限制了钢纤维高强混凝土在梁柱节点中的应用。

　　为此，本书就低周反复荷载作用下钢筋钢纤维高强混凝土梁柱节点的抗震性能进行了较为系统的试验研究和理论分析。通过梁柱节点梁端循环加载试验，量测了梁柱节点的裂缝开展和分布、破坏特征、钢筋应变、梁端荷载-位移滞回曲线等，探讨了混凝土强度、柱端轴压比、节点核心区配箍率、钢纤维体积率及其掺入梁端长度对钢筋钢纤维高强混凝土梁柱节点抗震性能的影响；通过研究梁柱节点受力特点及破坏机理，分别基于统计分析方法和软化拉压杆模型、修正压力场理论以及混凝土八面体强度模型等钢筋混凝土构件抗剪的基本理论，提出了钢筋钢纤维高强混凝土梁柱节点受剪承载力的计算方法；建立了能够反映钢筋钢纤维高强混凝土梁柱节点恢复力特点的刚度退化三折线定点指向型恢复力模型；将变形与累积能量耗散指标相结合，给出了循环荷载作用下钢筋钢纤维混凝土梁柱节点损伤的计算模型。有关结论为编制我国行业标准《钢纤维混凝土结构设计规程》提供了试验数据和理论依据。

本书的出版得到了郑州大学高丹盈教授、赵军教授、朱海堂教授，郑州航空工业管理学院薛茹教授、牛俊玲教授，华电郑州机械设计院有限公司博士后工作站王剑利教授级高工等大量有益的指导和建议，得到了华电郑州机械设计院有限公司史凯文主任和林蕴慧的大力支持与帮助。广州大学博士研究生张梦月参加了有关的试验研究、理论分析等工作。在此表示衷心的感谢！在本书写作过程中，还参考了相关的国内外专家学者的研究成果，在此表示感谢！

限于作者水平，书中难免存在不妥之处，恳请读者批评指正。

史　科

2022 年 12 月

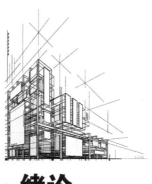

1 绪论

1.1 钢筋混凝土梁柱节点分类

1.1.1 按梁柱节点所在位置分类

梁柱节点作为框架结构的重要组成部分，在框架中起着传递和分配内力、保证结构整体性的作用。根据梁柱节点是否有直交梁的存在可以划分为平面框架节点和空间框架节点，根据节点位置的不同可以分为顶层节点和中间层节点、边节点和中节点，节点形式如图 1-1、图 1-2 所示。

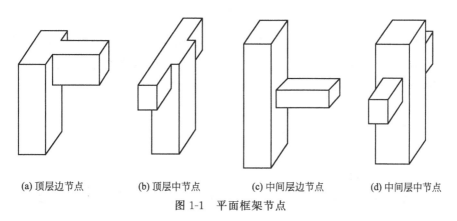

(a) 顶层边节点　　　　(b) 顶层中节点　　　　(c) 中间层边节点　　　　(d) 中间层中节点

图 1-1　平面框架节点

各节点由于所处位置不同，承受外力的状态也有很大差别。顶层边节点（L形），受力后节点核心区受到梁端和柱端同时作用的反向弯矩，在反复荷载作用下，节点处于不断张开再闭合的循环状态，受力较为复杂，对于梁柱纵筋在节点核心区的锚固要求较高，锚固不满足要求时，极易发生破坏。对于顶层中节点（T形），一般梁端抗弯承载力大于柱端抗弯承载力，破坏通常源于柱端塑性铰。

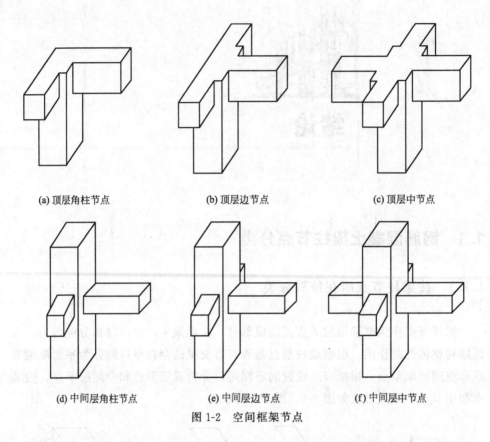

(a) 顶层角柱节点　　　　　　(b) 顶层边节点　　　　　　(c) 顶层中节点

(d) 中间层角柱节点　　　　　(e) 中间层边节点　　　　　(f) 中间层中节点

图 1-2　空间框架节点

中间层边节点（卜形），仅一侧有梁伸入柱中，梁纵筋锚固区面积较小，易发生梁筋锚固破坏。中间层中节点（十字形），节点核心区四周均有梁或柱，对于节点具有有效的约束作用，节点核心区受力性能较好。

1.1.2　按节点所用材料分类

（1）普通骨料混凝土节点

普通骨料混凝土节点是指节点混凝土的粗骨料采用天然骨料配制而成，是目前最常用的节点形式。

（2）轻骨料混凝土节点

轻骨料混凝土节点是指节点混凝土采用浮石、火山渣等天然轻骨料或粉煤灰陶粒、页岩陶粒等人造轻骨料配制而成。采用轻型材料能够降低结构自重，减小地震作用。

（3）再生骨料混凝土节点

再生骨料混凝土节点是指节点混凝土利用废旧混凝土经破碎、分级作为骨料配制而成。采用再生骨料混凝土，既能有效解决建筑固体废物处理问题，又能防止过量开采骨料资源造成的环境破坏，还可节约成本。

（4）纤维混凝土节点

纤维混凝土节点是指在混凝土中加入玻璃纤维或钢纤维配制而成的混凝土，可以显著提高节点核心区混凝土的抗拉强度，增加节点延性，提高黏结锚固性能，增强框架结构的抗震性能。

（5）型钢混凝土节点

对于高层结构，钢-混凝土组合结构因其优良的耐火性、耐久性、抗震性能以及施工周期短等优势，应用日益广泛，型钢混凝土节点也因此越来越多。型钢混凝土节点极限承载力较高、耗能能力强、延性较好，能够避免结构发生脆性破坏，具有良好的应用前景。

1.1.3 按施工方法分类

（1）现浇节点

现浇节点施工方便、整体性较好、抗震性能优异，是目前混凝土框架节点应用最为广泛的节点形式。国内外学者已进行了较为系统的研究，并建立了较为完善的设计方法。

（2）装配式节点

随着建筑产业化的不断推进，预制装配式混凝土框架具有良好发展前景，将成为主要结构形式之一。预制装配式混凝土框架施工速度快，可以实现低能耗、低排放的建造过程，符合建筑业的绿色发展要求。

（3）预应力节点

预应力节点是指梁柱通过张拉预应力筋的方式进行连接。由于预应力的作用，框架具有自复位能力，地震后框架可以回到地震前未发生变形时的位置。

1.1.4 按抗震要求分类

（1）抗震节点

对于有抗震设防需要的框架节点，除了满足强度要求之外，节点在屈服之后仍需具有一定的承载能力和变形能力，要具有足够的延性，以保证结构安全。

（2）非抗震节点

在非抗震设防地区框架结构中的节点，节点主要承受竖向荷载，无须承受水平地震荷载，对于屈服后性能要求不高，只需满足强度要求。

1.2　钢筋混凝土梁柱节点受力过程和破坏形式

1.2.1　受力过程

钢筋混凝土梁柱节点的受力过程通常可以分为以下四个阶段。

（1）初裂阶段

试件在低周反复荷载作用下，加载至节点核心区出现第一条斜向裂缝时，称为试件初裂，对应的荷载称为初裂荷载。该阶段节点核心区箍筋应力和应变都很小，混凝土和钢筋都处于弹性阶段，节点核心区的剪力主要由混凝土承担。初裂裂缝是节点核心区由弹性受力阶段进入弹塑性受力阶段的标志，初裂阶段试件卸载后，节点核心区变形全部恢复，混凝土裂缝完全闭合。

（2）通裂阶段

继续施加反复荷载，核心区箍筋的应力迅速增大，节点核心区连续出现数条斜裂缝，这些裂缝把核心区分割为多个菱形小块，并逐渐形成一个贯通核心区的主斜裂缝，此时试件进入通裂阶段。在此阶段，认为剪力不再由核心区混凝土承受，而是由水平箍筋全部承担。

（3）极限阶段

随着加载位移的增大，节点承载力达到最大值，进入极限阶段，节点核心区交叉斜裂缝宽度不断增大，核心区表面混凝土出现破碎脱落，水平箍筋大多发生屈服，卸载为零时，存在残余应变。

（4）破坏阶段

节点承载力达到极限值后，进一步增大位移，节点核心区的裂缝宽度不断增大，节点变形严重，混凝土被压碎，框架节点的承载能力下降。一般认为节点承载力下降到极限承载力的 85％以下时，即为节点失效破坏。

1.2.2　破坏形式

框架结构中的梁柱节点由于其空间位置和受力状态的特殊性，在地震荷载作用下，其破坏的形态有多种，经过总结归纳可将其破坏形态大概分为以下四种类型。

（1）梁端受弯破坏

梁受拉钢筋屈服，受压混凝土被压碎，混凝土保护层部分脱落，梁钢筋有部分外露，梁端部形成明显交叉裂缝，此时认为梁端出现塑性铰，梁柱节点宣告破坏。这种破坏类型是我国规范框架节点设计的目标，因为梁端形成塑性铰后，整个结构仍为超静定结构，柱和墙是抗震的第二道防线，能够耗散能量，提高框架抗震性能。

（2）柱端压弯破坏

在弯矩和轴力共同作用下，柱端混凝土被压碎，柱纵筋屈曲甚至外鼓，箍筋向外膨胀变形过大甚至拉断，此时认为柱端出现了塑性铰。柱端出现塑性铰的数量达到一定规模时，整个结构很可能变成一个机构，不具备吸收地震能量的性能，对抗震不利，因此应尽量避免此脆性破坏。

（3）核心区剪切破坏

在水平力作用下，节点核心区混凝土抗剪承载力不足，产生斜向对角裂缝或交叉斜裂缝，严重时混凝土成块剥落，箍筋外鼓或崩断。此为脆性破坏，对耗能不利，影响节点抗震性能，应采取措施提高核心区抗剪承载力，避免此脆性破坏。

（4）黏结锚固破坏

梁受力钢筋的锚固长度不足时，在反复荷载作用下，钢筋与混凝土之间的黏结先行破坏，梁纵筋在节点核心区出现了较大的滑移现象，节点的刚度和承载力急剧下降，最终导致节点失效。目前主要通过附加措施增加锚固力以避免发生此脆性破坏。

1.3 钢筋混凝土梁柱节点研究进展

国内外学者对钢筋混凝土梁柱节点进行了大量的试验研究和理论分析，主要集中在抗震性能的影响因素和受剪承载力等方面。

1.3.1 梁柱节点抗震性能影响因素

影响钢筋混凝土梁柱节点延性、耗能以及受剪承载力的因素较多，国内外学者主要分析了以下因素的影响,有关结论已编入相关的钢筋混凝土规范[1-3]。

(1) 梁柱节点核心区水平箍筋

N. W. Hanson 和 H. W. Conner[8] 进行了不同配箍量的钢筋混凝土梁柱节点试件试验,试件箍筋数量分别为满足设计要求的 100%、50% 和 0。结果表明,箍筋量为 100%、50% 的试件经历了 9 次循环后破坏,未配置箍筋试件仅经历 2 次循环即破坏,表明核心区箍筋可影响梁柱节点的耗能和延性。在此基础上,国内外学者[9-12] 进行了深入研究。其中,唐九如[9] 通过试验研究,建议梁柱节点核心区最小配箍率为 0.5%。A. J. Durrani 和 J. K. Wight[10] 的研究表明,延性系数较小时水平箍筋能够明显延缓梁柱节点承载力衰减,但对刚度退化的影响相对较小,并且建议梁柱节点核心区的最小和最大配箍率分别为 0.75% 和 1.50%。K. Kitayama 等[11] 利用 43 个钢筋混凝土梁柱节点试验结果研究表明,当节点核心区箍筋面积与柱宽和梁有效高度乘积的比值超过 0.4% 时,增加箍筋量对梁柱节点受剪承载力影响较小。R. Park 和 T. Paulay[12] 通过足尺梁柱节点试件的试验研究,提出梁柱节点受剪承载力计算应引入水平箍筋有效系数。

(2) 节点垂直钢筋

R. Park 和 Y. S. Keong[13]、T. Paulay 和 M. J. N. Priestley[14] 及唐九如[9] 等的试验研究均发现垂直钢筋可有效提高梁柱节点的抗震性能。其中,R. Park 和 Y. S. Keong[13] 通过 3 个钢筋混凝土梁柱中柱节点试验发现垂直钢筋可显著提高梁柱节点受剪承载力。T. Paulay 和 M. J. N. Priestley[14] 以规范设计的梁柱节点试件为基准,对比分析了水平箍筋量减少一半但增加 2Φ20mm 垂直钢筋的试件的抗震性能,发现配置垂直钢筋试件的滞回曲线与前者相近,具有良好的延性,说明配置垂直钢筋可明显减少水平箍筋的数量。唐九如[9] 根据 6 个配置垂直钢筋的梁柱节点试验,发现配置垂直钢筋除增强节点延性外,还使受剪承载力提高约 12%。

(3) 柱端轴压比

柱端轴压比对梁柱节点抗震性能影响的研究较多,但尚未形成统一认识。K. Kitayama[11]、D. F. Meinheit 和 J. O. Jirsa[15] 以及 M. Seckin 和 S. M. Uzumeri[16] 等学者研究发现,柱端轴压力对梁柱节点的延性和极限承载力影响较小。其中,M. Seckin 和 S. M. Uzumeri[16] 的试验结果发现,柱端轴压比对梁柱节点的极限强度无影响,但可提高初裂强度。J. Kim 和 J. M. LaFave[17] 基于轴压比变化范围分别为 0~0.31 和 0~0.60 的梁柱中柱节点和边柱节点的试验结果,利用统计分析方法研究了轴压比与受剪承载力的关系,发现两者相关系数接近于 0,表明轴压比对梁柱节点受剪承载力基本无影响。我国学者[18,19]通过试验研究认为轴压比在一定范围内增加可提高梁柱节点受剪承载力。我国框架节点专题研究组[18]的试验结果表明,相同条件下,与轴压比为 0.25 的试件相比,轴压比为 0.61 的试件受剪承载力提高了 80%,但其延性有所降低。赵成文等[19]通过钢筋高强混凝土梁柱中柱节点试验,发现轴压比≤0.6 时节点受剪承载力随轴压比增加而提高,当轴压比>0.6 时轴压比影响较小;同时还发现与普通强度钢筋混凝土梁柱节点相比,轴压比对钢筋高强混凝土梁柱节点的影响较小。

(4) 柱端-梁端抗弯强度比

地震荷载作用下,梁柱节点需满足强柱弱梁的要求,抗弯强度比如何取值比较重要。M. R. Ehsani[20]研究了抗弯强度比为 1.1~2.0 的梁柱边柱节点试件的抗震性能,结果表明,提高抗弯强度比可增强梁柱节点的抗震性能,为避免节点核心区形成塑性铰,建议抗弯强度比应大于 1.4。A. J. Durrani 和 J. K. Wight[10]的研究建议,梁柱节点最小抗弯强度比为 1.5。

(5) 混凝土强度

国内外学者[19,21,22]普遍认为,梁柱节点受剪承载力随混凝土强度增加而提高。赵成文等[19]的研究发现,高强混凝土梁柱节点的梁纵筋具有较好的黏结性能,但延性和耗能性能较弱。朱春明等[21]的研究表明,梁柱节点受剪承载力与混凝土强度基本呈线性关系。R. H. Scott 等[22]通过 8 个高强混凝土梁柱边柱节点和 8 个普通混凝土梁柱边柱节点对比试验发现,梁柱节点受剪承载力随混凝土强度的提高而增大。

(6) 梁纵筋的黏结锚固性能

K. Kitayama 等[11]和 R. T. Leon[23]研究发现,梁纵筋的黏结锚固能力影响梁柱节点抗震性能。D. Soleimani D 等[24]的研究表明,梁纵筋滑移引起的变形占梁柱节点总变形的比重可达 35%。M. R. Ehsani[20]研究发现梁纵筋的滑移引起了梁柱节点刚度退化,且加载后期梁纵筋直径较小的试件延性较好。唐九如[9]通过试验研究认为,循环荷载下钢筋黏结强度退化易造成梁纵筋滑移;随荷载幅值和循环次数增加,纵筋屈服逐渐向节点核心区转移缩短了梁纵筋有效锚固长度,不利于梁柱节点的抗震性能;梁纵筋采用高强度、大直径钢筋的梁柱节点试件其锚固性能较弱。S. Hakuto 等[25]的研究发现,循环荷载作用下随柱截面高度与梁纵筋直径之比即 h_c/d_b 减小,梁纵筋滑移量有增大趋势。基于试验研究,针对梁柱节点梁纵筋的黏结锚固特点,为避免梁柱节点中梁纵筋滑移量过大,美国和新西兰等规范对 h_c/d_b 均进行了规定。其中,美国混凝土协会 ACI 318—14 要求 $h_c/d_b \geq 20$;美国混凝土协会 ACI 352R—02 要求 $h_c/d_b \geq 20$ ($f_y/$

420)≥20（f_y 为钢筋屈服强度）；新西兰规范 NZS 3101：2006 和欧洲规范 Eurocode8 通过引入柱端轴压比和混凝土抗拉强度等参数，建立了 h_c/d_b 的计算公式。目前，h_c/d_b 的具体取值尚未形成统一认识。

1.3.2 梁柱节点受剪性能计算

单调荷载下，梁柱节点受力较钢筋混凝土梁、柱复杂，其受剪计算尚未形成统一认识。与单调加载相比，地震荷载作用下梁柱节点受裂缝展开闭合、承载力和刚度退化以及梁纵筋滑移等影响，建立受剪计算方法更加困难。因此，受剪性能一直是梁柱节点性能研究的重点和难点。国内外学者[26-44] 进行了大量的试验研究和理论探讨，建立了一些理论模型和统计公式。

L. Zhang 和 J. O. Jirsa[26] 基于 300 个梁柱边柱节点和中柱节点试验结果的分析，指出梁柱节点初裂到破坏期间的剪力由混凝土斜压杆承担，箍筋的作用主要是对斜压杆的约束，在此基础上建立了梁柱节点斜压杆模型和计算公式，并对计算公式中的斜压杆有效宽度进行了回归分析。基于斜压杆模型，将梁柱节点混凝土斜压杆等效为短柱，其受剪承载力确定可采用短柱受压计算公式即 $\alpha_{j1}f_c$ 的形式，其中 α_{j1} 为斜压杆面积的影响因素。基于斜压杆模型的梁柱节点计算公式受力明确计算简单，因此被美国 ACI 318 规范和日本 AIJ 规范采用。B. A. Muhsen 和 H. Umemura 在美国 ACI 规范和日本 AIJ 规范的基础上，通过修正节点截面有效面积和混凝土有效强度，建立了能够反映柱端轴压比和箍筋影响的梁柱节点受剪承载力计算公式[12]。Ritter 和 Morsch 通过钢筋混凝土梁受剪研究，首次提出由箍筋和 45°水平倾角的混凝土斜压杆组成的桁架模型，斜压杆和箍筋分别承担压力和拉力[27]。T. Paulay 等[12] 在钢筋混凝土梁受剪桁架模型的基础上，通过梁筋和柱筋黏结应力分布均匀的假定建立了梁柱节点桁架模型，认为剪力由一系列混凝土斜压杆和钢筋拉杆共同承担。之后，T. Paulay 和 M. J. N. Priestley[14] 通过试验研究发现，单纯利用桁架模型不能准确预测梁柱节点受剪承载力，建议应同时采用桁架模型和混凝土斜压杆。A. G. Tsonos[29] 通过 4 个钢筋混凝土边柱节点的试验研究，在斜压杆模型和桁架模型的基础上引入混凝土 5 参数破坏准则建立了节点受剪计算公式。斜压杆模型和桁架模型可较准确地计算梁柱节点承载力，已被新西兰规范 NZS 3101 和欧洲规范 Eurocode8 采用。NZS 3101 规范和 ACI 318 规范中有关节点受剪计算的主要区别在于是否考虑桁架模型的作用。桁架模型存在的前提是梁柱节点中的梁纵筋有可靠的黏结锚固性能，因此必须严格限制 h_c/d_b 的取值。另外，桁架模型需配置较多垂直和水平钢筋承担节点核心区存在的均匀剪应力区；而斜压杆模型则对梁纵筋的黏结锚固性能无严格要求。为解决这一争论，美国、新西兰和日本学者联合进行了钢筋混凝土梁柱节点对比试验，研究表明，新西兰规范对节点箍筋要求过高。因此，建议了梁柱节点受剪的最小配箍率，而梁柱节点受剪模型迄今仍未形成统一认识。

之后，国内外学者又进行了大量的试验研究和理论探讨。S. J. Hwang[30,31]、R. Ortiz[32]、R. L. Vollum[33]、S. Park[34] 和 M. Pauletta[35] 等学者分别提出了梁柱节点受剪拉压杆模型。S. J. Hwang 和 H. J. Lee[30,31] 在拉压杆模型的基础上考虑混凝土受压软化特性提出了梁柱节点受剪软化拉压杆模型，认为梁柱节点剪力由斜压杆机构、水平受剪机构和竖向受剪机构承担，其中混凝土斜压杆组成斜压杆机构，水平箍筋和两个倾角较小的混凝土压杆组成水平受剪机构，竖向钢筋和两个倾角较大的混凝土压杆组成竖向受剪机构，通过开裂混凝土的平衡方程、本构关系以及变形协调方程计算节点受剪承载力。S. Park 和 K. M. Mosalam[34] 提出了考虑梁柱节点截面尺寸和梁纵筋黏结锚固性能影响的梁柱节点受剪拉压杆计算模型。M. Pauletta 等[35] 基于软化拉压杆模型提出了简化拉压杆计算模型，其中斜压杆由两个混凝土压杆 ST1 和 ST2 组成，拉杆由水平箍筋和竖向钢筋组成，并结合 61 个梁柱节点试验数据确定了模型相关系数。F. J. Vecchio 和 M. P. Collins[36] 通过钢筋混凝土板试验，在压力场理论基础上考虑开裂后混凝土受剪特性，引入裂后混凝土受拉本构关系、裂缝间及裂缝面应力平衡条件，提出了修正压力场理论，并通过大量试验证明其可有效分析钢筋混凝土构件受剪性能。因此，修正压力场理论在梁柱节点受剪承载力分析中的应用受到国内外学者的广泛关注。H. F. Wong 和 J. S. Kuang[37] 将梁柱节点等效为钢筋混凝土受剪板，采用与深梁受剪分析类似的方法引入有效压应力，建立了基于修正压力场理论的转角软化桁架模型。刘鸣等[38] 的试验研究表明，修正压力场理论可较准确预测梁柱节点的峰值剪应力。此外，G. A. Tsonos[39] 通过 4 个边柱节点试验，由核心区混凝土截面应力平衡方程建立了梁柱节点受剪承载力计算公式。文献 [40,41] 的学者认为，钢筋混凝土可简化为平面应力状态下的理想均质材料，在此基础上 S. A. Attaalla[40] 通过应力平衡方程和应变协调方程建立了梁柱节点受剪计算公式，G. L. Wang 等[41] 提出水平箍筋和垂直钢筋对混凝土抗拉强度的增强系数，结合 Kupfer-Gerstle 破坏准则建立了梁柱节点受剪分析模型。

除理论计算模型外，P. G. Bakir[42]、K. F. Sarsam[43] 和 J. Hegger[44] 以及国内学者利用统计分析方法，建立了基于混凝土和箍筋抗剪作用叠加的受剪承载力计算公式。例如，我国框架节点专题研究组[18] 在 30 个梁柱节点试验结果的基础上分析了柱端轴压比、配箍率、剪压比以及梁纵筋黏结锚固性能对节点受剪承载力的影响，建立了受剪承载力计算公式。赵鸿铁等[45] 通过 10 个梁柱节点试验发现，边柱节点受剪承载力比中柱节点小，提出了 0.8 的节点类型影响系数。方根生[46] 根据 5 个边柱节点试验提出了箍筋抗剪作用有效系数。唐九如等[9] 根据 3 个边柱节点试验研究了混凝土、水平箍筋和垂直钢筋的抗剪作用，提出了受剪承载力计算公式。J. Hegger 等[44] 利用 200 多个梁柱节点的试验结果，建立了反映节点尺寸、混凝土强度、梁纵筋配筋率和黏结锚固性能、水平箍筋等影响的受剪承载力计算公式。

1.3.3 钢筋混凝土梁柱节点设计规范

下面分别从受剪承载力、水平箍筋和梁纵筋黏结锚固性能等方面，简要介绍美国 ACI 318—14 规范[2]、新西兰 NZS 3101—2006[3] 和中国 GB 50011—2010[1] 抗震规范中梁柱节点的设计方法，进一步分析这些规范之间的差异。

（1）美国 ACI 318—14 规范设计方法

该规范认为，梁柱节点中箍筋的作用在于约束混凝土，忽略了桁架模型的作用，从而基于混凝土斜压杆模型建立了与混凝土抗压强度相关的梁柱节点受剪承载力计算方法。

① 受剪承载力　名义剪切强度 V_n 计算式为：

$$V_n = \alpha_{aci,j}\lambda_{aci,j}\sqrt{f'_c}A_j \tag{1-1}$$

式中，$\alpha_{aci,j}$ 为梁柱节点类型影响系数，梁柱节点 4 面均有梁约束取 20，3 面或 2 面有梁约束取 15，其他类型取 12；$\lambda_{aci,j}$ 为混凝土材料影响系数，轻质混凝土取 0.75，普通质量混凝土取 1.0；f'_c 为混凝土圆柱体抗压强度；A_j 为梁柱节点受剪有效面积，$A_j = b_j h_j$；h_j 为梁柱节点高度，可取柱端截面高度；b_j 为梁柱节点宽度，计算式为 $b_j = b_b + h_j \leq b_b + 2x$；$b_b$ 为梁宽；x 取梁两侧面至相邻柱边距离的较小值。

② 水平箍筋　梁柱节点中的水平配箍量按节点类型进行计算。其中，环箍筋和螺旋箍筋或圆形箍筋的配置量计算公式分别为：

$$\frac{A_{sh}}{sb_{aci,c}} = \begin{cases} 0.3\left(\dfrac{A_g}{A_{ch}}-1\right)\dfrac{f'_c}{f_{yt}} & (1\text{-}2) \\[3mm] \dfrac{0.09f'_c}{f_{yt}} & (1\text{-}3) \\[3mm] 0.2k_f k_n \dfrac{P_u}{f_{yt}A_{ch}} & (1\text{-}4) \end{cases}$$

$$\rho_s = \begin{cases} 0.45\left(\dfrac{A_g}{A_{ch}}-1\right)\dfrac{f'_c}{f_{yt}} & (1\text{-}5) \\[3mm] \dfrac{0.12f'_c}{f_{yt}} & (1\text{-}6) \\[3mm] 0.35k_f\dfrac{P_u}{f_{yt}A_{ch}} & (1\text{-}7) \end{cases}$$

式中，A_{sh} 为垂直于 $b_{aci,c}$ 方向上间距 s 范围内的所有箍筋横截面面积；A_g 为混凝土横截面面积；A_{ch} 为构件横截面面积；f_{yt} 为箍筋屈服强度；$b_{aci,c}$ 为与计算 A_{ch} 时垂直方向上的箍肢间距；P_u 为柱端轴压力；k_f 为混凝土强度影响系数，$k_f=f'_c/25000+0.6\geqslant1.0$；$k_n$ 为有效约束系数，$k_n=n_1/(n_1-2)$；n_1 为纵向钢筋量；ρ_s 为螺旋箍筋或圆形箍筋的体积配箍率，s 为箍筋间距，取节点截面尺寸的 1/4、最小纵筋直径的 6 倍和计算式 $4\leqslant4+(14-h_x)/3\leqslant6$ 中的最小值；h_x 为所有箍肢间距的最大值。

当同时满足条件 $P_u\leqslant0.3A_gf'_c$ 和 $f'_c\leqslant100$ 时，$A_{sh}/(sb_{aci,c})$ 取式(1-3)和式(1-4)中较大值，ρ_s 取式(1-6)和式(1-7)中较大值；满足其中之一条件时，$A_{sh}/(sb_{aci,c})$ 取式(1-2)～式(1-4)中最大值，ρ_s 取式(1-5)～式(1-7)中最大值。

③ 梁纵筋黏结锚固性能 梁纵筋的黏结锚固性能按混凝土质量对柱截面尺寸 h_c 和梁纵筋直径 d_b 的比值进行了规定。其中，轻质混凝土 $h_c/d_b\geqslant20$，普通混凝土 $h_c/d_b\geqslant26$。

标准弯钩钢筋锚固长度 l_{dh} 的计算公式为：

$$l_{dh}=f_yd_b(65\lambda_{aci}\sqrt{f'_c}) \tag{1-8}$$

式中，λ_{aci} 为混凝土质量影响系数。轻质混凝土的 λ_{aci} 取 1.0，l_{dh} 要大于 $8l_{dh}$ 和 6；普通混凝土的 λ_{aci} 取 0.75，l_{dh} 要大于 $10l_{dh}$ 和 7.5。

(2) 新西兰 NZS 3101—2006 规范设计方法

该规范中梁柱设计的总体原则是强节点，要求梁柱节点不能形成塑性铰，避免梁柱节点核心区出现能量耗散。

① 受剪承载力和水平箍筋 该规范采用混凝土斜压杆模型和桁架模型，针对中柱节点和边柱节点分别建立了梁柱节点受剪承载力和箍筋面积之间关系式。

中柱节点：

$$A_{jh}=6\alpha_i\frac{V^*_{ojh}}{f'_c}\times\frac{f_yA^*_s}{f_{yh}} \tag{1-9}$$

边柱节点：

$$A_{jh} = 6\beta_{nz}\frac{V_{ojh}^*}{f_c'b_jh_c} \times \frac{f_yA_s}{f_{yh}}\left(0.7 - \frac{c_jN_o^*}{f_c'A_g}\right) \tag{1-10}$$

式中，V_{ojh}^* 为梁柱节点水平剪力；A_{jh} 为箍筋面积，其中箍筋间距不能超过 10 倍柱筋最小直径和 200mm；A_s^* 和 A_s 分别为中柱和边柱节点核心区内梁纵筋面积，取上、下纵筋面积的较大值；f_y 为钢筋屈服强度；f_c' 为混凝土抗压强度；N_o^* 和 A_g 分别为柱端轴压力和截面面积；β_{nz} 为梁受压钢筋和受拉钢筋面积比，$\beta_{nz} \leqslant 1.0$；f_{yh} 为箍筋屈服强度；c_j 为系数，$c_j = V_{jh}/(V_{jx}+V_{jz})$；$V_{jh}$ 为梁柱节点受剪承载力；V_{jx}、V_{jz} 分别为 x、z 方向的剪力；α_i 为与延性相关的系数，延性要求较高时 $\alpha_i = 1.4-1.6c_jN_o^*/(f_c'A_g)$，延性限制较低时 $\alpha_i = 1.2-1.4c_jN_o^*/(f_c'A_g)$。

同时，对梁柱节点的名义剪应力进行了规定，要求 $v_{jh} = V_{jh}/(b_jh_c)$ 应小于等于 $0.2f_c'$ 或 10。式中，h_c 为柱端截面高度；b_j 为梁柱节点有效宽度；若 $b_c > b_w$，b_j 取 b_c 和 $b_w+0.5h_c$ 中较小值，否则取 b_w 和 $b_c+0.5h_c$ 中较小值；其中，b_c 为柱端截面宽度；b_w 为腹宽。

② 竖向受剪钢筋　该规范对节点核心区竖向受剪钢筋面积 A_{jv} 进行了规定，A_{jv} 计算公式为：

$$A_{jv} = \frac{\alpha_v f_{yh}A_{jh}h_b}{f_{yv,1}h_c} \tag{1-11}$$

式中，$f_{yv,1}$ 为竖向受剪钢筋屈服强度；h_b 为梁截面高度；α_v 为系数，$\alpha_v = 0.7/[1+N^*/(f_c'A_g)]$。

竖向受剪钢筋水平间距，应小于 1/4 相邻截面宽度和 200mm。

③ 梁纵筋黏结锚固性能　该规范在考虑多种因素影响的基础上，通过引入影响系数，建立了两种与混凝土强度有关的 d_b/h_c 计算方法。

考虑塑性铰和框架形式影响建立的 d_b/h_c 计算式为：

$$\frac{d_b}{h_c} \leqslant \frac{3.3\alpha_{f1}\alpha_d\sqrt{f_c'}}{\alpha_o f_y} \tag{1-12}$$

式中，α_o 为塑性铰影响系数，塑性铰位于柱端附近时，取 1.25，否则认为柱端附近的梁截面仍保持弹性，取 1.0；α_d 为影响系数，依据梁端塑性铰判定标准分别取值；α_{f1} 为影响系数，双向框架中取 0.85，单向框架中取 1.0。式(1-12) 中特别规定 $f_c' \leqslant 70$MPa。

考虑更多因素影响的 d_b/h_c 计算式为：

$$\frac{d_b}{h_c} \leqslant \frac{6\alpha_t\alpha_p\alpha_{f1}\sqrt{f_c'}}{\alpha_o\alpha_s f_y} \tag{1-13}$$

式中，α_t 为系数，梁端上部纵筋下混凝土高度大于 300mm，取 0.85，否则取 1.00；α_p 为轴压比影响系数，$\alpha_p = N_o/(2f_c'A_g) + 0.95$，且 $0.95 \leqslant \alpha_p \leqslant 1.25$；$N_o$ 为设计柱端轴压力；α_s 为梁纵筋影响系数，$\alpha_s = (2.55 - A_s'/A_s)/\alpha_d$；$A_s'/A_s$ 为梁端上、下部钢筋面积比，$0.75 \leqslant A_s'/A_s \leqslant 1.00$。

同时，该规范对梁、柱纵筋的锚固进行了具体规定，详见文献 [3]。

（3）中国 GB 50011—2010 抗震规范设计方法

该规范基于混凝土斜压杆模型和桁架模型，结合大量梁柱节点试验结果，建立了梁柱节点的设计方法。

① 受剪承载力 该规范根据抗震设防烈度不同，分别建立了梁柱节点受剪承载力计算公式。

9 度设防：

$$V_j \leqslant \frac{1}{\gamma_{RE}}\left(0.9\eta_j f_t b_j h_j + f_{yv} A_{svj} \frac{h_{bo} - a_s'}{s}\right) \tag{1-14}$$

一般情况：

$$V_j \leqslant \frac{1}{\gamma_{RE}}\left(1.1\eta_j f_t b_j h_j + 0.05\eta_j N \frac{b_j}{b_c} + f_{yv} A_{svj} \frac{h_{bo} - a_s'}{s}\right) \tag{1-15}$$

式中，γ_{RE} 为抗震调整系数，可取 0.85；f_t 为混凝土轴心抗拉强度；η_j 为正交梁影响系数，依据约束条件不同，分别取 1.5、1.25 和 1.0；b_j、h_j 分别为梁柱节点核心区截面宽度和高度，梁截面宽度 b_b 不小于 1/2 的柱截面宽度时，b_j 取柱截面宽度；$b_b < 0.5b_c$ 时，b_j 取 $b_b + 0.5h_c$ 和 b_c 中较小值；梁端和柱端中心不重合，且偏心距 $e_o \leqslant 0.25b_c$ 时，b_j 取 $0.5b_b + 0.5b_c + 0.25h_c - e_o$、$b_b + 0.5h_c$ 和 b_c 中的最小值；h_j 取柱截面高度；N 为柱端轴压力，且 $N \leqslant 0.5f_c b_c h_c$；$f_{yv}$、$A_{svj}$ 分别为梁柱节点核心区内箍筋屈服强度和横截面面积；h_{bo} 为梁端截面有效高度；a_s' 为纵向钢筋合力点至混凝土边缘距离。

同时，为防止梁柱节点核心区剪压破坏，该规范对梁柱节点的剪压比进行了规定，即 $V_j \leqslant (0.3\eta_j f_c b_j h_j)/\gamma_{RE}$。

② 水平箍筋 中国 GB 50011—2010 抗震规范在通过计算进行水平箍筋配置的同时，对箍筋的最大间距和最小直径进行了具体规定。其中，一、二和三级抗震梁柱节点，配箍特征值 λ_v 分别大于 0.12、0.10 和 0.08；箍筋体积率 λ_{sv} 分别大于 0.6%、0.5% 和 0.4%。

③ 梁纵筋黏结锚固性能 该规范按照构件或结构的抗震设防条件，建议了梁纵筋直径的取值。其中，9 度设防和一级抗震框架，梁纵筋直径不宜大于柱截面宽度的 1/25；其他抗震等级，梁纵筋直径不宜大于柱截面宽度的 1/20。

梁、柱钢筋在节点区域的锚固搭接长度 l_{abE} 的计算式为：

$$l_{abE} = \xi_{aE} l_{ab} \tag{1-16}$$

式中，ξ_{aE} 为钢筋锚固长度修正系数；l_{ab} 为钢筋基本锚固长度。

对比分析上述设计规范在梁柱节点设计方法的规定，发现在以下几方面有差异。

a. 计算模型。ACI 318—14 规范采用混凝土斜压杆模型，认为箍筋仅起约束作用；GB 50011—2010 规范和 NZS 3101—2006 规范均采用混凝土斜压杆模型和桁架模型，考虑了水平箍筋的抗剪作用。新西兰 NZS 3101—2006 规范同时还考虑了垂直钢筋的作用，建立了垂直钢筋配置量和间距的计算公式。

b. 柱端轴向压力。ACI 318—14 规范未考虑柱端轴向压力的影响；NZS 3101—2006 规范通过引入 α_i、c_j 系数，考虑了柱端轴向压力对梁柱节点受剪的有利作用；GB 50011—2010 规范按照抗震设防烈度对轴向压力的作用分别进行了考虑。

c. 梁纵筋黏结锚固性能。ACI 318—14 规范按照混凝土质量分别建立了轻质混凝土和普通混凝土的 d_b/h_c 要求条件；GB 50011—2010 规范按照抗震设防条件分别对梁纵筋直径进行了规定；NZS 3101—2006 规范通过引入系数 α_o、α_s、α_t、α_p 和 α_f，建立了与 $\sqrt{f_c'}$ 相关的考虑多因素影响的 d_b/h_c 计算公式。并且，各规范中钢筋的锚固长度规定也不同。

d. 梁柱节点受剪有效面积 A_j。A_j 计算公式可表示为 $A_j = b_j h_j$。ACI 318—14 规范、NZS 3101—2006 规范和 GB 50011—2010 规范分别根据梁端和柱端截面尺寸关系建立了梁柱节点有效宽度 b_j 的计算公式，而梁柱节点有效高度 h_j 均取柱端截面高度。

1.4 钢筋钢纤维混凝土梁柱节点的研究进展

钢纤维混凝土是在混凝土中掺入乱向钢纤维形成的复合材料。与普通混凝土相比，钢纤维混凝土具有优良的受拉、受弯、受剪、韧性和黏结性能[4,5]，能够限制混凝土裂缝发展，改善混凝土裂缝处的应力集中，增强钢筋黏结性能，显著提高构件延性和受剪性能。将钢纤维混凝土用于梁柱节点，可在保证其抗震性能的同时，明显减少水平箍筋数量，解决钢筋拥挤带来的施工难度较大和成本较高的问题。因此，钢筋钢纤维混凝土梁柱节点抗震性能的研究逐渐受到国内外学者[47-69]的重视，其研究主要集中在延性、耗能、梁纵筋黏结锚固性能和受剪承载力计算等方面。表 1-1 列出了国内外钢筋钢纤维混凝土梁柱节点试验概况。

表 1-1 国内外钢筋钢纤维混凝土梁柱节点试验

文献	试件数量	混凝土强度 /MPa	钢纤维体积率 /%	分析内容
[47]	2 个边柱节点	39.5	1.67	延性、耗能、承载力衰减
[49]	13 个边柱节点，2 个中柱节点	28.1～50.4	0.80,1.00,1.20,1.50,2.00	滞回曲线、受剪承载力计算式
[50]	4 个边柱节点	45.0,43.0	1.00,1.60	延性、耗能
[51]	10 个边柱节点	28.0	2.00	开裂荷载、极限荷载、延性、刚度
[54]	12 个边柱节点	24.7～33.6	0.50,0.75,1.00,1.25,1.50,2.00,2.50	滞回曲线、剪切延性、受剪承载力计算式
[55]	4 个边柱节点	26.0,33.0	1.00	裂缝开展、耗能、延性
[57]	5 个边柱节点	21.3,32.1	1.50	延性、耗能、受剪承载力计算式、梁端性能
[58]	6 个边柱节点	15.0	2.00	延性、极限荷载
[59]	3 个中柱节点	46.0	1.60	延性、耗能、破坏时裂缝分布
[60]	3 个顶层边柱节点	26.0,28.0	1.00,2.00	裂缝发展、梁纵筋应变、滞回曲线
[62]	5 个边柱节点	33.6～43.6	0.50,0.75,1.00,1.25,1.50	受剪承载力计算式
[63]	5 个中柱节点	62.2	1.50	梁纵筋应变、受剪承载力计算式
[65]	6 个中柱节点	75.0	2.00,4.00	破坏形态、延性、耗能、刚度退化
[66]	5 个中柱节点	60.0	0.25,0.50,0.75,1.00	极限荷载、刚度退化、延性系数、受剪承载力计算式
[67]	4 个边柱节点	30.0	1.00	耗能
[68]	6 个边柱节点	30.0,60.0	1.00,1.50	破坏形态、剪切变形、延性、耗能、刚度
[69]	4 个边柱节点,4 个顶层边柱节点	23.3～30.1	1.00,1.50	破坏形态、延性、耗能、刚度退化

1.4.1 钢筋钢纤维混凝土梁柱节点抗震性能研究现状

C. H. Henager[47] 通过 2 个足尺的梁柱节点试件，研究了钢纤维混凝土对梁柱节点抗震性能的影响。其中，试件 1 按照美国 ACI 规范中延性节点的要求配置足够水平箍筋，试件 2 是未配置箍筋的钢纤维混凝土梁柱节点，钢纤维体积率为 1.67％，长径比为 75。结果发现，与试件 1 相比，试件 2 的转角延性系数提高了 52.9％，梁纵筋黏结强度提高了 40％，极限弯矩提高了 20％，表明钢纤维混凝土是提高梁柱节点抗震性能和减少水平箍筋数量的有效方法。C. H. Henager 的结论得到学术界的广泛关注，国内外学者对此进行了积极探索。I. Olariu 等[48] 通过 2 个钢筋混凝土梁柱节点和 6 个钢纤维体积率为 0.5％～1.5％的钢筋钢纤维混凝土梁柱节点试验，发现钢筋钢纤维混凝土梁柱节点的延性和耗能能力提高了 30％和 46％。章文纲和程铁生[49] 通过钢筋混凝土梁柱边柱节点和钢筋钢纤维混凝土梁柱边柱节点的对比试验发现，与体积配箍率为 1.5％的钢筋混凝土梁柱节点试件相比，钢纤维体积率为 1.5％的未配置箍筋梁柱节点试件的耗能能力提高 27％，延性基本相同。A. Filiatrault[50] 等通过 3 个足尺的梁柱节点试验，其中试件 S1 为配置较少箍筋，试件 S2 按抗震规范配置箍筋，试件 S3 在试件 S1 配筋的基础上增加了钢纤维体积率为 1.6％的混凝土，验证了 C. H. Henager 的结论。钢筋钢纤维混凝土梁柱节点具有较好的延性和耗能能力已被学术界普遍接受。

在此基础上，国内外学者从梁柱节点核心区采用钢纤维混凝土可减少水平箍筋用量方面进行了较深入的研究。P. R. Gefken 和 M. R. Ramey[51] 以箍筋间距为试验参数，分别取 50mm、62.5mm、82.5mm、125mm 和 250mm，通过 10 个钢筋钢纤维混凝土梁柱边柱节点试验发现，与 ACI-ASCE 352 规范设计的标准钢筋混凝土梁柱节点相比，水平箍筋间距增大 1.7 倍的钢筋钢纤维混凝土梁柱节点具有相同甚至较高的延性和耗能能力。M. Gebman[52] 进行了 6 个钢筋钢纤维混凝土梁柱节点和 2 个钢筋混凝土梁柱节点试验，其中，钢筋钢纤维混凝土梁柱节点试件的箍筋间距分别为 152mm 和 203mm，钢筋混凝土梁柱节点试件的箍筋间距为 152mm。研究发现，与钢筋混凝土梁柱节点试件相比，钢筋钢纤维混凝土梁柱节点具有更好的延性和耗能能力，箍筋间距为 203mm 和 152mm 的钢筋钢纤维混凝土梁柱节点耗能能力提高了 100％和 300％。E. C. Stevenson[53] 通过 2 个梁柱中柱节点试验，研究了在梁柱节点中用钢纤维混凝土完全取代水平箍筋的可能性。其中，钢筋混凝土梁柱节点试件按照抗震设计规范配置水平箍筋，未配置箍筋的钢纤维混凝土梁柱节点试件的钢纤维体积率为 2.3％。结果发现，钢筋钢纤维混凝土梁柱节点试件发生核心区剪切破坏，未能达到钢筋混凝土梁柱节点试件的抗震性能。王宗哲[54] 通过 12 个钢筋钢纤维混凝土梁柱边柱节点试验，发现钢纤维混凝土可明显提高梁柱节点的受剪承载力和延性，但水平箍筋不能被完全替代，建议钢筋钢纤维混凝土梁柱节点中配置箍筋。M. Gencoglu 和 I. Eren[55] 进行了 2 个钢筋钢纤维混凝土梁柱节点（试件 3 和试件 4）和 2 个钢筋混凝土梁柱节点（试件 1 和试件 2）试验。其中，试件 1 未配置水平箍筋，试件 2 按土耳其抗震规范配置箍筋，试件 3 配置 1 根 Φ8 箍筋，试件 4 未配置箍筋，得到了与王宗哲等[54] 相似的结论。Z. Bayasi 和 M. Gebman[56] 在 6 个梁柱节点试验研究的基础上，结合国内外梁柱节点试验结果，分析了钢纤维含量特征值（钢纤维体积率和长径比的乘积）与配箍减少率的关系，其中选取试件的钢纤维体积率变化范围为 0～2％，箍筋减少率变化范围为 50％～200％。结果表明，箍筋减少 40％～100％对应的钢纤维含量特征值变化范围为 0.74～2。

钢筋混凝土梁柱节点的研究表明，梁纵筋黏结强度影响梁柱节点的刚度退化、承载力退化以及梁纵筋滑移等损伤性能，因此学者开展了钢纤维混凝土对梁柱节点梁纵筋黏结性能影响的研究。章文纲和程铁生[49] 的研究发现，同条件下与钢筋混凝土梁柱节点相比，钢筋钢纤维混凝土梁柱节点的梁纵筋黏结滑移量减小了 60％～78％；唐九如[57] 的研究发现，钢纤维混凝土梁柱节点中梁纵筋黏结强度提高 30％，黏结锚固性能较好。此外，国内外学者也重点研究了钢筋钢纤维混凝土梁柱节点的受剪性能。R. L. Jindal 和 K. A. Hassan[58] 进行了 4 个钢筋钢纤维混凝土梁柱节点和 2 个钢筋混凝土梁柱节点试验，其中，钢纤维体积率和长径比分别为 2％和 100，发现钢筋钢纤维混凝土梁柱节点受剪承载力提高了 19％。唐九如[57] 通过 5 个边柱节点和 7 个中柱节点试验，发现钢纤维混凝土可显著增强梁柱节点受剪承载力。王宗哲等[54] 通过钢筋钢纤维混凝土梁柱节点循环加载试验得到了与唐九如相似的结论。A. Filiatrault[59] 等进行了 4 个足尺梁柱节点试验，其中试件 1 和试件 2 为钢筋混凝土梁柱节点，试件 2 按加拿大抗震规范设计，试件 1 为非抗震设计的梁柱节点，试件 3 和试件 4 为配筋与试件 1 相同的钢筋钢纤维混凝土梁柱节点，其钢纤维体积率和长径比分别为 1％和 60 以及 1.6％和 100。试验发现，钢纤维体积率和长径比较大的梁柱节点试件 4 的破坏模式为梁端塑性铰破坏，受剪承载力显著提高。在试验研究的基础上，国内外学者分别建立了钢筋钢纤维混凝土梁柱节点受剪承载力计算公式。唐九如[57] 建立了考虑钢纤维含量特征值的钢筋钢纤维混凝土梁柱节点受剪承载力计算公式；章文纲和程铁生[49] 在钢筋混凝土梁柱节点受剪承载力计算公式的基础上，叠加钢纤维混凝土抗拉强度，建立了钢筋钢纤维混凝土梁柱节点受剪承载力计算公式；郑七振和魏林[61] 基于双剪压受剪模型建立了钢筋钢纤维混凝土梁柱节点受剪承载力计算公式；王辉家[62] 结合试验结果，建立了考虑骨料咬合力、箍筋和钢纤维受剪作用等因素影响的钢筋钢纤维混凝土梁柱节点受剪承载力计算公式。目前，梁柱节点受剪承载力计算公式大多是基于试验结果统计分析得到，钢筋钢纤维混凝土梁柱节点受剪机制及钢纤维的增强机理尚不清晰，其受剪性能计算未形成统一认识。

1.4.2 钢筋钢纤维高强混凝土梁柱节点抗震性能研究现状

随着高强混凝土在工程结构中的推广应用，国内外学者对钢纤维高强混凝土用于梁柱节点进行了初步探索。蒋永生等[63]通过3个钢筋钢纤维高强混凝土梁柱节点和2个钢筋高强混凝土梁柱节点的对比试验发现，钢筋钢纤维高强混凝土可显著提高梁柱节点的抗裂和极限受剪承载力，并结合试验结果建立了钢筋钢纤维高强混凝土梁柱节点受剪承载力计算公式。肖良丽等[64]通过2个钢筋钢纤维高强混凝土梁柱节点和4个钢筋高强混凝土梁柱节点的对比试验发现，钢筋钢纤维高强混凝土梁柱节点具有较好的受剪承载力、延性和耗能能力。M. J. Shannag[65]等通过4个钢筋钢纤维高强混凝土梁柱节点和2个钢筋混凝土梁柱节点的试验发现，与钢筋混凝土梁柱节点相比，钢筋钢纤维高强混凝土梁柱节点的耗散能力提高20倍，刚度退化减弱2倍，加载次数提高3倍。N. Ganesan[66]等通过10个钢筋钢纤维高强混凝土梁柱节点试验，分析了钢纤维体积率变化（分别为0、0.25%、0.50%、0.75%和1.00%）对梁柱节点抗震性能的影响，发现梁柱节点的延性、耗能和受剪能力随钢纤维体积率增加而提高。最后，利用统计方法建立了钢筋钢纤维高强混凝土梁柱节点受剪承载力计算公式。

从国内外梁柱节点抗震性能的研究可以看出，利用延性、耗能能力、刚度退化和承载力退化等作为评价梁柱节点抗震性能的指标已达成共识，为钢筋钢纤维混凝土梁柱节点抗震性能研究奠定了基础。在钢筋钢纤维混凝土梁柱节点试验研究方面，主要集中于分析钢纤维体积率和配箍率等对梁柱节点抗震性能的影响，对柱端轴压比、混凝土强度以及钢纤维掺入梁端长度等的研究相对较少，且对梁柱节点变形和钢筋应变的分析较少。在梁柱节点受剪承载力计算方面，国内外学者针对钢筋混凝土梁柱节点提出了斜压杆模型、桁架模型和拉压杆模型等较多的受力机理和计算方法，但至今未达成一致；有关钢筋钢纤维混凝土梁柱节点受剪机理的研究则更少，建立的计算公式多为基于试验数据的回归分析，因缺乏理论模型，使其离散性较大。除受剪承载力计算外，损伤演化特性和恢复力性能也是钢筋混凝土构件抗震性能研究的重点，国内外学者[70-91]通过钢筋混凝土柱和剪力墙等构件的试验研究建立了相关的计算模型。例如，G. H. Powell等[70]利用延性系数建立了单参数地震损伤模型；H. Banon等[71]通过刚度指标引入柔性损伤比，提出了非累积型地震损伤模型；H. Krawinkler等[72]和D. Darwin

等[73] 分别利用变形指标和耗能能力指标，建立了可反映累积损伤的计算模型；
Y. J. Park 和 H. S. Ang[74] 基于大量钢筋混凝土构件试验结果，采用变形和耗能
能力指标相结合，建立了双参数损伤模型。在此基础上，江近仁等[75]、牛荻涛
等[76]、李军旗等[77]、吕大刚等[78] 分别提出了修正的 Park-Ang 模型。
J. Penizen[79] 通过考虑包辛格效应建立了双线性恢复力模型；R. W. Clough[80]
等通过考虑刚度退化建立了 Clough 退化双线性恢复力模型；T. Takeda 等[81]
基于大量钢筋混凝土构件试验结果将骨架曲线简化为三折线并引入卸载刚度退
化，建立了 Takeda 三折线模型；M. Saiidi 等[82] 在 R. W. Clough 和 T. Takeda
研究的基础上，提出了简化的双线性恢复力模型；朱伯龙等[83] 根据钢筋混凝土
柱试验结果，将骨架曲线简化为四折线并引入卸载刚度退化，建立了恢复力模
型。目前有关钢筋钢纤维混凝土梁柱节点的损伤演化特性和恢复力性能的研究较
少。钢筋钢纤维高强混凝土梁柱节点的受剪性能、损伤特性以及恢复力性能的理
论研究更是缺乏，限制了钢纤维高强混凝土在梁柱节点中的应用。

1.5 本书研究内容

结合承担的国家自然科学基金项目《高性能钢纤维混凝土节点受剪与抗震性
能研究》的内容以及编制我国《钢纤维混凝土结构设计规程》的需要，本书通过
循环荷载下钢筋钢纤维高强混凝土梁柱节点试验，探讨梁柱节点抗震性能的影响
因素，分析梁柱节点的受剪机理、损伤特性和恢复力性能等，建立相应的理论分
析模型和计算公式。主要研究内容包括以下几方面。

（1）钢筋钢纤维高强混凝土梁柱节点抗震性能试验研究

以柱端轴压比、混凝土强度、节点核心区配箍率、钢纤维体积率及其掺入梁
端长度等为试验参数，设计制作 13 个钢筋钢纤维高强混凝土梁柱中柱节点。通
过钢筋钢纤维高强混凝土梁柱节点的循环加载试验，分析梁柱节点的裂缝发展和
破坏模式、荷载-位移滞回曲线和钢筋应变等特征，利用延性、耗能、刚度退化
和承载力退化等评定指标研究试验参数对梁柱节点抗震性能的影响。

（2）钢筋钢纤维高强混凝土梁柱节点受剪承载力计算方法

分析钢筋钢纤维高强混凝土梁柱节点受剪承载力的影响因素，探讨钢筋钢纤
维高强混凝土梁柱节点的受剪机理，结合软化拉压杆模型、修正压力场理论、混
凝土八面体强度模型以及统计分析方法，分别建立钢筋钢纤维高强混凝土梁柱节
点受剪承载力计算方法，并与现有的钢筋钢纤维混凝土梁柱节点受剪承载力计算

公式进行对比分析。

（3）钢筋钢纤维高强混凝土梁柱节点恢复力性能计算方法

分析柱端轴压比、混凝土强度、节点核心区配箍率和钢纤维体积率等对钢筋钢纤维高强混凝土梁柱节点恢复力性能的影响，建立钢筋钢纤维高强混凝土梁柱节点退化三折线恢复力性能计算方法，给出模型特征点荷载和位移、卸载刚度以及再加载路径的计算公式，并与试验结果对比验证模型的适用性。

（4）钢筋钢纤维高强混凝土梁柱节点损伤特性计算方法

研究钢筋钢纤维高强混凝土梁柱节点损伤演化特性及其性能指标之间的关系，探讨变形和累积能量耗散指标关系的简化表达式，建立能综合反映柱端轴压比、节点核心区配箍率和钢纤维体积率等影响的钢筋钢纤维高强混凝土梁柱节点损伤特性的计算模型，给出单调加载下梁柱节点的荷载-位移曲线计算方法。利用提出的计算方法，分析影响钢筋钢纤维高强混凝土梁柱节点地震损伤性能的因素。

2

钢筋钢纤维高强混凝土梁柱节点试验研究

2.1 引言

　　为研究掺入钢纤维的钢筋高强混凝土梁柱节点的抗震性能，共进行了1个普通强度钢纤维混凝土梁柱中柱节点、2个高强混凝土梁柱中柱节点和10个钢筋钢纤维高强混凝土梁柱中柱节点的循环加载试验，量测了梁柱节点的开裂和极限荷载、裂缝发展、破坏模式、梁端的纵筋和箍筋应变、荷载-位移滞回曲线以及塑性铰区曲率、核心区的箍筋应变和剪切变形等。基于试验结果，分析了钢筋钢纤维高强混凝土梁柱节点循环荷载下的裂缝发展及破坏、承载力和刚度退化、耗能和延性、节点核心区剪切变形和梁端弯曲变形、梁端纵筋和箍筋应变以及核心区箍筋应变等。本章的试验结果为研究柱端轴压比、混凝土强度、核心区箍筋、钢纤维体积率及其掺入梁端长度等对钢筋钢纤维高强混凝土梁柱节点抗震性能的影响奠定了基础。

2.2 试验概况

2.2.1 梁柱节点试件设计

　　（1）参数设计

　　分析国内外的钢筋钢纤维混凝土梁柱节点循环加载试验，可知梁柱节点抗震性能的影响因素主要有柱端轴压比、混凝土强度、钢纤维体积率、核心区箍筋等。结合试验目的，本章设计了柱端轴压比、混凝土强度、钢纤维体积率、节点核心区的配箍率和钢纤维掺入梁端长度 5 组对比系列。参考常见的钢筋混凝土梁柱节点和钢筋钢纤维混凝土梁柱节点试验设计，试验参数的变化范围分别为：柱端轴压比对比系列以 1.0% 钢纤维体积率的无箍筋梁柱节点为基础，柱端轴压比分别取 0.2、0.3 和 0.4；混凝土强度对比系列以 1.0% 钢纤维体积率和 2Φ8 箍筋的梁柱节点为基础，混凝土设计强度等级分别取 CF40、CF60 和 CF80；钢纤维体积率对比系列以 C60 混凝土为基础，钢纤维体积率分别取 0.5%、1.0%、1.5% 和 2.0%；钢纤维掺入梁端长度对比系列以 1.0% 钢纤维体积率和 2Φ8 箍筋的 CF60 高强混凝土梁柱节点为基础，钢纤维掺入梁端长度分别取 50mm、125mm 和 250mm；梁端节点核心区箍筋对比系列的节点核心区箍筋分别为 2Φ8 和 5Φ8。梁柱节点试件的主要试验参数见表 2-1。

表 2-1　梁柱节点试件的主要试验参数

编号	混凝土强度等级	柱端轴压比	钢纤维体积率/%	钢纤维掺入梁端长度/mm	梁柱节点核心区箍筋
BCJ1-0	CF60	0.3	1.0	125	0
BCJ1-1	CF60	0.2	1.0	125	0
BCJ1-2	CF60	0.4	1.0	125	0
BCJ2-0	CF60	0.3	1.0	125	2Φ8
BCJ2-1	CF40	0.3	1.0	125	2Φ8
BCJ2-2	CF80	0.3	1.0	125	2Φ8
BCJ3-1	CF60	0.3	0.5	125	2Φ8
BCJ3-2	CF60	0.3	1.5	125	0
BCJ3-3	CF60	0.3	2.0	125	0
BCJ4-1	CF60	0.3	1.0	50	2Φ8
BCJ4-2	CF60	0.3	1.0	250	2Φ8
BCJ5-0	C60	0.3	0	0	2Φ8
BCJ5-1	C60	0.3	0	0	5Φ8

注：试件编号中"BCJ"表示梁柱节点，首个数字表示对比系列号，第 2 个数字表示梁柱节点试件在同系列的序号，数字为"0"的梁柱节点试件表示同时参与其他系列对比。

(2) 梁柱节点试件截面及配筋设计

试验选取平面框架的中间层中柱与梁反弯点之间的梁柱中柱节点为研究对象，见图 2-1。

试件按强柱弱梁或弱节点的原则进行设计，主要研究梁柱节点的梁端塑性铰区和核心区的受力性能。根据《建筑抗震试验规程》（JGJ/T 101—2015）的要

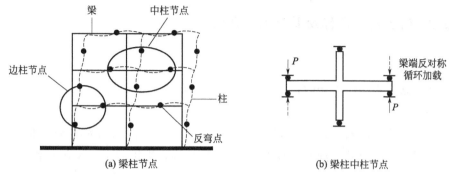

图 2-1　梁柱节点试件模型

求，框架梁柱节点拟静力试验其尺寸不小于原型的 $1/4$[92]，结合试验条件，取模型比为 $1/2$。根据《混凝土结构设计规范》（GB 50010—2010）[93] 和《建筑抗震设计规范》（GB 50011—2010）[1]，梁柱节点截面尺寸和配筋见图 2-2。

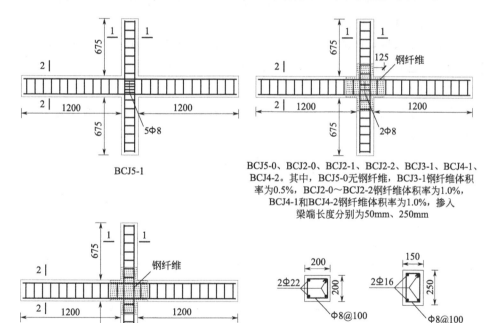

图 2-2　梁柱节点试件截面尺寸及配筋

2.2.2 试验材料选择及混凝土配合比

（1）水泥

河南新乡水泥厂生产的强度等级为 42.5 级的普通硅酸盐水泥。

（2）骨料

粗骨料采用碎石，级配良好，粒径为 5～20mm，使用前对其冲洗和晾晒。细骨料采用中级河砂，细度模数为 2.9，级配良好，浇筑前测试其含水率。

（3）拌合水

常用自来水作为混凝土拌合用水，满足《混凝土用水标准》（JGJ 63—2006）[94] 的要求。

（4）减水剂

郑州建科生产的 JKH-1 型粉状高效减水剂，减水效率为 18％～25％。

（5）钢纤维

上海贝尔卡特生产的 RC6535BN 型钢纤维，等效直径为 (0.55±0.05)mm，长度为 (35±3.5)mm，抗拉强度为 (1345±200)MPa。

（6）钢筋

箍筋和梁柱纵筋分别采用 HPB235 级和 HRB335 级钢筋，实测其力学性能数据见表 2-2。

表 2-2 钢筋力学性能指标

钢筋级别	直径/mm	屈服强度/MPa	抗拉强度/MPa	伸长率/%	弹性模量/MPa
HRB335	22	418.2	652.1	27	1.95×10^5
HRB335	16	360.5	594.9	23	2.01×10^5
HPB235	8	306.9	472.7	30	2.09×10^5

（7）混凝土配合比

水灰比、水泥强度、用水量、砂率以及钢纤维的体积率和长径比影响钢纤维混凝土的力学性能及和易性[4]。其中，水灰比决定钢纤维混凝土的抗压强度；钢纤维的体积率和长径比主要影响其抗裂和抗拉等性能；和易性主要取决于砂率和用水量。因此，在设计钢纤维混凝土配合比时，先通过其抗压强度选择水灰比，再以水灰比为基础根据抗拉强度及和易性确定钢纤维体积率、砂率和用水量，最后进行试配调整。钢纤维混凝土强度等级 CF40 和 CF80 的梁柱节点的钢纤维体积率为 1.0％，CF60 强度等级的梁柱节点的钢纤维体积率为 0.5％、

1.0%、1.5%和2.0%，结合郑州大学新型建材与结构研究中心以往的研究成果，最终确定的钢纤维混凝土配合比见表2-3。

表2-3 钢纤维混凝土配合比

设计强度等级	配合比/(kg/m³)							
	水泥	拌合水	钢纤维	砂	碎石	减水剂	硅粉	钢纤维体积率/%
CF40	476	176	78	719	1079	7.1	—	1.0
C60	487	146	0	623	1210	7.3		0
CF60	520	156	39	710	1065	7.8	—	0.5
	547	164	78	696	1044	8.2	—	1.0
	573	172	117	682	1023	8.6	—	1.5
	599	181	156	668	1001	8.9	—	2.0
CF80	660	180	78	536	1089	9.9	59.4	1.0

2.2.3 混凝土制备和试件浇筑

钢纤维均匀分布是钢纤维混凝土制备的关键。为避免钢纤维结团，选用强制式搅拌机搅拌。按照文献［4］建议的投料和搅拌工艺，首先将碎石、砂和钢纤维干拌，再加入水泥和粉状高效减水剂搅拌均匀，最后注水。拌合过程中随时辅助人工搅拌，对钢纤维体积率为2.0%的混凝土增加搅拌时间。搅拌均匀后倒入事先支好的梁柱节点模板中，用插入式振捣棒振捣密实。与梁柱节点试件同批的立方体和棱柱体混凝土试块利用振动台振实成型。在梁柱节点试件和试块浇筑24h后拆模，覆盖草垫洒水养护28天。

2.2.4 试验装置及加载方案

（1）试验装置

试验主要研究梁柱节点的梁端塑性铰区和核心区的受力和变形性能，忽略柱端的 p-δ 效应，采用梁端循环反对称加载方式，柱顶和梁端的加载分别采用液压千斤顶和郑州大学新型建材与结构中心的液压伺服加载系统，见图2-3。为较好模拟图2-1中梁柱节点的变形，柱端顶、底及其两侧以及梁端均设置滚轴。

（2）加载方案

用液压千斤顶在柱顶施加设定的轴压力并保持恒定，之后由液压伺服作动器

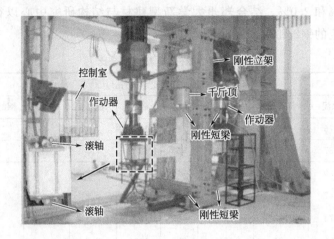

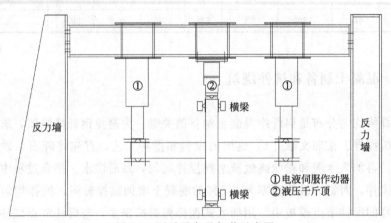

图 2-3　试验设备及加载示意图

按加载制度在梁端循环加载，按照《建筑抗震试验规程》（JGJ/T 101—2015）规定的加载制度，采用荷载-位移混合控制，见图 2-4（a）。试件屈服前由荷载控制加载，以屈服荷载的 75％和 100％循环加载，每级循环 1 次；试件屈服后以屈服位移的倍数为级差由位移控制加载，每级位移幅值下循环 2 次，当荷载降低至峰值荷载的 85％左右时停止加载。试验中根据加载系统实时显示的荷载-位移曲线和 CM-2B 数据采集系统得到的梁端纵筋应变初步确定屈服点，试验结束后利用等能量法结合荷载-位移曲线最终确定梁柱节点的屈服荷载和位移。每级循环加载以 2kN（荷载控制阶段）或 1mm（位移控制阶段）为级差进行，在峰值点和结束点持荷保持 1min，观察梁柱节点试件裂缝。1 次加卸载过程中 CM-2B 系统按 16 等分采集 17 次，例如，第 7 次加载循环上的数据采集点见图 2-4（a）。

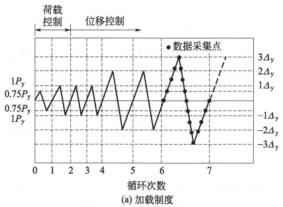

(a) 加载制度

(b) 裂缝测宽

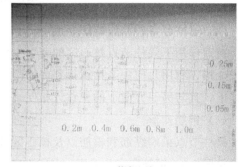

(c) 裂缝记录

图 2-4　加载制度与裂缝观测

2.2.5　试验测试内容

梁柱节点测试的主要内容包括：裂缝发展与破坏；梁端荷载-位移滞回曲线；梁端塑性铰转动；节点核心区剪切变形；梁端纵筋和箍筋应变；节点核心区箍筋应变等。

（1）裂缝观测和记录

裂缝观测采用裂缝测宽仪，见图 2-4(b)。由于梁柱节点试件与刚性立架距离较近，且测试仪表较多，加载中试验人员需在裂缝记录簿上详细记录裂缝，见图 2-4(c)。

（2）梁端塑性铰转动

用一定范围内梁端截面平均曲率 φ 反映塑性铰转动。研究表明，梁端塑性铰长度为 1.0~1.5 倍的截面高度[27]，因此，在距柱边 190mm 和 380mm 处的梁截面上下部分别布置位移计，见图 2-5(a)。

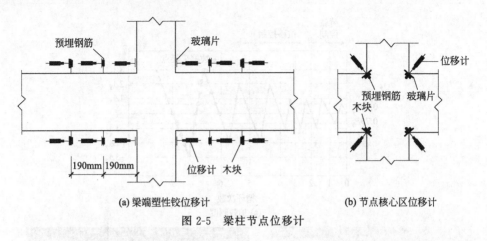

(a) 梁端塑性铰位移计

(b) 节点核心区位移计

图 2-5　梁柱节点位移计

（3）梁柱节点核心区剪切变形

荷载作用下梁柱节点核心区的变形主要为剪切变形，可根据位移计量测的对角线变形，利用几何关系计算得到剪切角 γ。其中，对角线方向的位移计在同一直线上，且与另一方向上的位移计相互垂直，见图 2-5(b)。

（4）钢筋变形

梁柱节点梁端纵筋和箍筋以及核心区箍筋的变形通过钢筋应变片量测，测点布置见图 2-6。钢筋应变片采用 BX120-5AA 型电阻应变片，电阻值为（120±2)Ω，

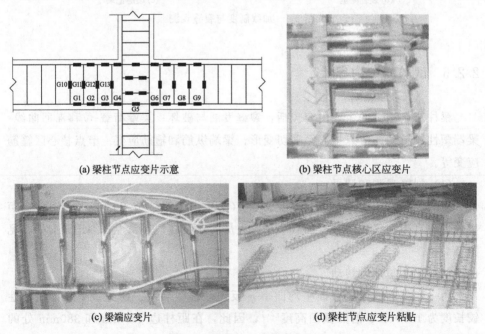

(a) 梁柱节点应变片示意

(b) 梁柱节点核心区应变片

(c) 梁端应变片

(d) 梁柱节点应变片粘贴

图 2-6　梁柱节点钢筋应变片

灵敏系数为 (2.12±0.02)%。

（5）梁端荷载-位移曲线

梁端加载点的荷载和位移通过液压伺服加载系统自动采集，见图 2-7(a) 和 (b)。利用其双输出功能实时显示荷载-位移曲线的同时，另一信号接入 DH3816N 静态应变测试系统与应变和位移计一起采集，便于对照分析。应变测试系统通过模块化设计（每个模块 60 个测点）、五芯航空插头和以太网接口等措施，实现大量数据的稳定采集，见图 2-7(c)。

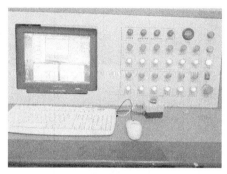

(a) 加载系统控制台

(b) 加载系统操作界面

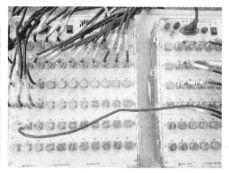

(c) 静态应变测试系统

图 2-7　试验设备

2.2.6　钢纤维混凝土力学性能试验结果

按照《混凝土物理力学性能试验方法标准》（GB/T 50081—2019）[95]，利用 300t 液压伺服万能试验机对与梁柱节点试件同批次浇筑养护的混凝土试块进行力学性能测试，实测结果见表 2-4。

表 2-4 钢纤维混凝土力学性能

试件编号	立方体抗压强度/MPa	轴心抗压强度/MPa	劈拉强度/MPa	弹性模量/MPa
BCJ1-0	81.7	64.4	7.3	4.53×10^4
BCJ1-1	79.1	64.4	7.4	4.37×10^4
BCJ1-2	78.1	64.3	7.3	4.44×10^4
BCJ2-0	80.1	63.5	7.7	3.98×10^4
BCJ2-1	61.7	50.2	5.9	3.86×10^4
BCJ2-2	89.5	73.7	7.1	4.45×10^4
BCJ3-1	82.1	64.4	7.5	4.66×10^4
BCJ3-2	86.6	69.9	8.9	4.09×10^4
BCJ3-3	87.4	76.3	9.1	4.41×10^4
BCJ4-1	82.3	64.9	7.5	4.57×10^4
BCJ4-2	80.8	63.8	7.3	4.53×10^4
BCJ5-0	69.2	60.8	4.2	4.05×10^4
BCJ5-1	68.6	60.2	4.9	4.25×10^4

2.3 梁柱节点裂缝发展与破坏

2.3.1 梁柱节点试件裂缝发展

试验中，梁柱节点试件 BCJ2-1 进行 2 倍屈服位移幅值循环加载时因液压伺服系统故障，作动器失控导致被压坏，见图 2-8，其余 12 个梁柱节点试件加载过

图 2-8 梁柱节点试件 BCJ2-1 的破坏

程均控制良好。下面以典型试件为例对梁柱节点试件加载过程进行描述。其中，右梁向上、左梁向下的加载为正。

（1）梁柱节点试件 BCJ1-0

柱顶施加 723kN 的轴向力并保持恒定，轴压比为 0.3。在荷载控制阶段，加载至 12kN，左、右梁的受拉区距柱边分别为 90mm 和 60mm 处各出现 1 条初始垂直裂缝，裂缝宽度为 0.02mm，左、右梁分别反向加载至 12kN 和 10kN，出现初始裂缝，受压区裂缝闭合。随荷载增加，梁端出现多条平行裂缝，平均裂缝间距约为 100mm。正反向加载至 26kN，梁柱节点核心区出现初始斜裂缝，裂缝宽度为 0.02mm。在位移控制阶段，$1\Delta_y$ 加载后梁端裂缝和核心区裂缝加宽，$2\Delta_y$ 循环结束时梁柱节点梁端裂缝最大宽度为 0.4mm，核心区裂缝最大宽度为 0.2mm，且出现相互垂直的 2 条斜裂缝。$3\Delta_y$ 循环结束时梁柱节点梁端裂缝最大宽度为 0.8mm，核心区 2 条主斜裂缝贯通对角线，裂缝宽度为 0.6mm。$4\Delta_y$ 循环加载时梁端裂缝发展缓慢，裂缝发展集中在梁柱节点核心区，出现新斜裂缝，主斜裂缝最大宽度为 1.0mm，承载力开始下降，降至峰值荷载 85% 试验结束。破坏时，靠近柱边梁端上下裂缝相交，多为垂直平行裂缝，裂缝宽度为 1.0mm，梁柱节点核心区主斜裂缝沿对角线贯通，最大裂缝宽度为 1.0mm。梁柱节点试件 BCJ1-0 的裂缝发展及破坏见图 2-9。

（2）梁柱节点试件 BCJ1-1

柱顶施加 520kN 的轴向力并保持恒定，轴压比为 0.2。在荷载控制阶段，

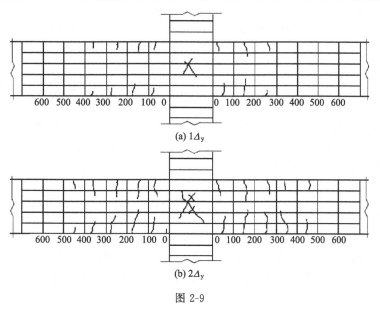

(a) $1\Delta_y$

(b) $2\Delta_y$

图 2-9

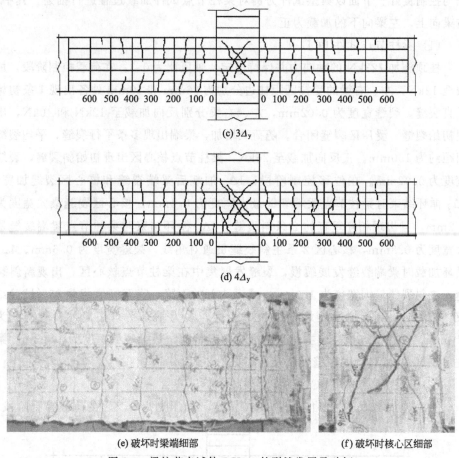

图 2-9　梁柱节点试件 BCJ1-0 的裂缝发展及破坏

加载至 10kN，左、右梁的受拉区距柱边分别为 180mm 和 300mm 处各出现 1
条初始垂直裂缝，裂缝宽度为 0.02mm，左、右梁分别反向加载至 12kN，左、
右梁的受拉区距柱边分别为 170mm 和 100mm 处各出现 1 条初始垂直裂缝，
裂缝宽度为 0.02mm，受压区裂缝闭合。正反向加载至 23kN，梁柱节点核心
区出现初始斜裂缝，裂缝宽度为 0.02mm。$1\Delta_y \sim 3\Delta_y$ 加载过程中，梁端裂缝
变宽且有多条平行新裂缝，平均裂缝间距约为 100mm，梁柱节点核心区出现
多条斜裂缝。$4\Delta_y$ 循环加载过程中，梁柱节点核心区多条斜裂缝贯穿截面对角
线，承载力降低至峰值荷载 85%，试验结束。梁端裂缝主要为近似平行的垂
直裂缝，最大裂缝宽度为 1.8mm，梁柱节点核心区存在多条贯穿截面对角线
的斜裂缝，最大裂缝宽度为 1.1mm。梁柱节点试件 BCJ1-1 的裂缝发展及破坏
见图 2-10。

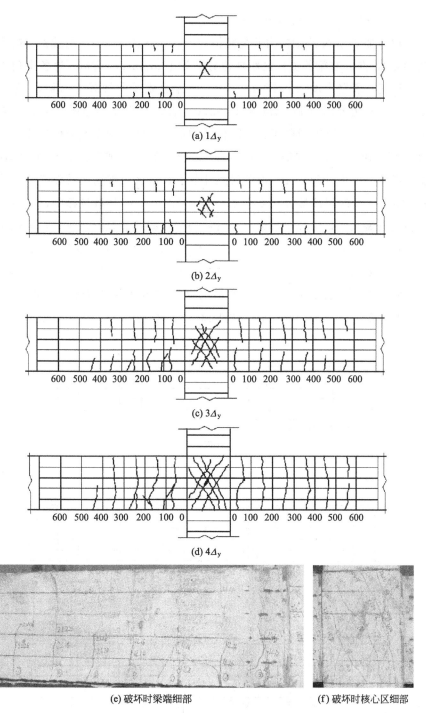

(a) $1\Delta_y$

(b) $2\Delta_y$

(c) $3\Delta_y$

(d) $4\Delta_y$

(e) 破坏时梁端细部

(f) 破坏时核心区细部

图 2-10　梁柱节点试件 BCJ1-1 的裂缝发展及破坏

（3）梁柱节点试件 BCJ2-0

柱顶施加 762kN 的轴向力并保持恒定，轴压比为 0.3。在荷载控制阶段，加载至 12kN，左、右梁的受拉区距柱边分别为 160mm 和 150mm 处各出现 1 条初始垂直裂缝，裂缝宽度为 0.02mm，左、右梁分别反向加载至 10kN，左、右梁的受拉区距柱边分别为 180mm 和 160mm 处各出现 1 条初始垂直裂缝，裂缝宽度为 0.02mm，受压区裂缝闭合。随荷载增加，梁端出现多条平行裂缝，平均间距约为 120mm。在位移控制阶段，$1\Delta_y$ 加载梁端裂缝加宽同时有新裂缝出现，梁柱节点核心区未开裂。$2\Delta_y$ 加载时梁柱节点核心区出现初始斜裂缝，裂缝宽度为 0.01mm，梁端裂缝最大宽度为 0.6mm。$3\Delta_y \sim 4\Delta_y$ 加载过程中，梁柱节点核心区裂缝发展缓慢，出现 2 条细小平行斜裂缝，梁端裂缝发展迅速，出现多条新裂缝。$5\Delta_y$ 加载后梁柱节点承载力出现下降，梁端多条裂缝贯穿截面，梁柱节点核心区裂缝发展缓慢。$6\Delta_y$ 加载后梁柱节点承载力降低至峰值 85%，试验结束。梁端裂缝最大宽度为 2.6mm，梁柱节点核心区有多条平行斜裂缝，未贯穿核心区，裂缝最大宽度为 0.3mm。梁柱节点试件 BCJ2-0 的裂缝发展及破坏见图 2-11。

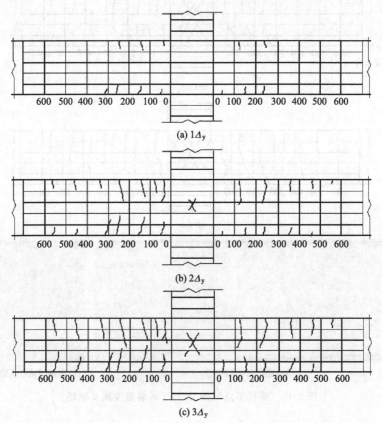

(a) $1\Delta_y$

(b) $2\Delta_y$

(c) $3\Delta_y$

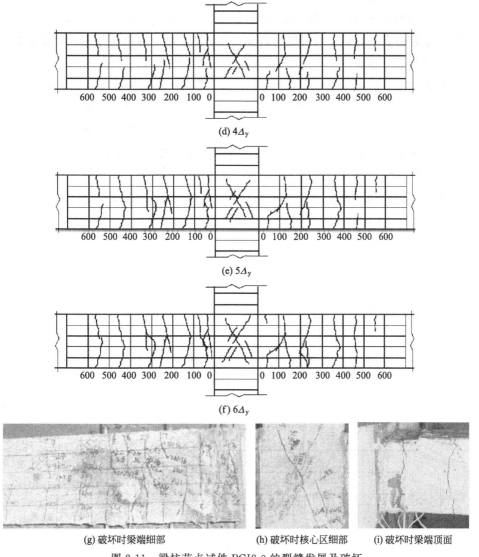

(d) $4\Delta_y$

(e) $5\Delta_y$

(f) $6\Delta_y$

(g) 破坏时梁端细部　　　　　(h) 破坏时核心区细部　　　　　(i) 破坏时梁端顶面

图 2-11　梁柱节点试件 BCJ2-0 的裂缝发展及破坏

（4）梁柱节点试件 BCJ5-0

在柱顶施加 730kN 的轴向力，轴压比为 0.3，并保持恒定。之后在梁端进行循环反对称加载，其中右梁先向上，左梁先向下加载。在荷载控制阶段，左梁加载至 8kN 时，距柱端 100mm 的梁端上部受拉区出现宽度 0.02mm 的初始裂缝，右梁加载至 10kN 时，距柱端 60mm 的梁端下部出现宽度 0.02mm 的初始裂缝。加载至 16kN 时，左梁上部和右梁下部出现多条垂直裂缝，最大裂缝宽度为

0.04mm。反向加载时，梁端裂缝闭合。加载至 21kN 时，梁柱节点核心区出现沿对角线方向的初始斜裂缝，裂缝宽度为 0.01mm。之后进入位移控制阶段，$1\Delta_y$ 时梁柱节点左右梁端的裂缝无明显变化，节点核心区出现与初始裂缝近似垂直的斜裂缝，裂缝宽度为 0.02mm。$2\Delta_y$ 第 1 次加载时梁柱节点左右梁端裂缝变宽且出现斜裂缝，最大裂缝宽度为 0.4mm，节点核心区裂缝变宽且向两对角延伸；第 2 次加载时左右梁端最大裂缝宽度为 0.5mm，斜裂缝增多，节点核心区裂缝逐渐贯通对角线，出现 1 条新的平行斜裂缝。$3\Delta_y$ 第 1 次加载时左右梁端上、下裂缝逐渐相交，节点核心区裂缝变宽，最大处裂缝宽度为 0.6mm，同时出现新的斜裂缝，承载力开始下降；第 2 次加载时左右梁端距柱端最近的上、下裂缝相交，最大裂缝宽度为 0.7mm，节点核心区裂缝贯通对角线，最大裂缝宽度为 1.1mm，承载力下降至峰值荷载 85%，试验结束。梁柱节点试件 BCJ5-0 的裂缝发展及破坏见图 2-12。

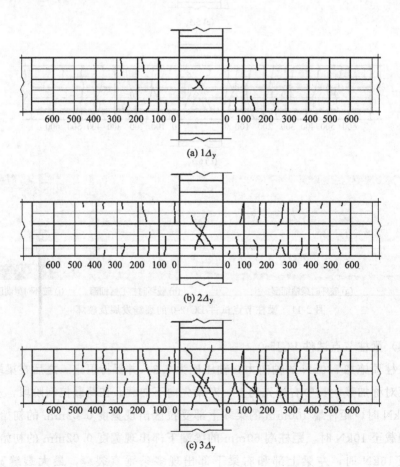

(a) $1\Delta_y$

(b) $2\Delta_y$

(c) $3\Delta_y$

(d) 破坏时梁端细部　　　　　　　　　　(e) 破坏时核心区细部

图 2-12　梁柱节点试件 BCJ5-0 的裂缝发展及破坏

（5）其他梁柱节点试件的裂缝发展及破坏

随试验参数不同，循环荷载下梁柱节点试件的裂缝发展有所变化，其他梁柱节点试件加载过程中的裂缝发展及破坏见图 2-13～图 2-20。

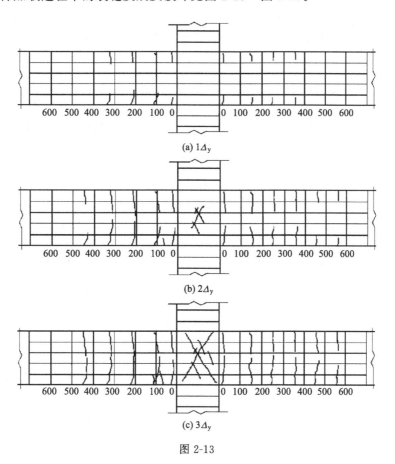

(a) $1\Delta_y$

(b) $2\Delta_y$

(c) $3\Delta_y$

图 2-13

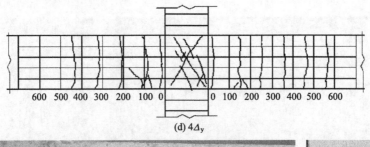

(d) $4\Delta_y$

(e) 破坏时梁端细部　　　　　　　　(f) 破坏时核心区细部

图 2-13　梁柱节点试件 BCJ1-2 的裂缝发展及破坏

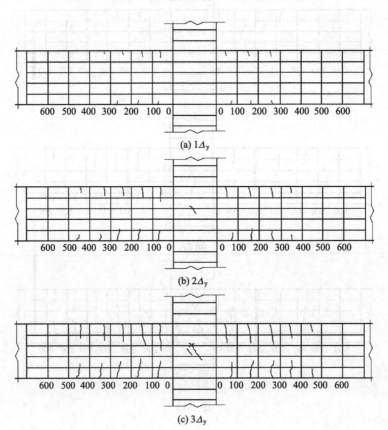

(a) $1\Delta_y$

(b) $2\Delta_y$

(c) $3\Delta_y$

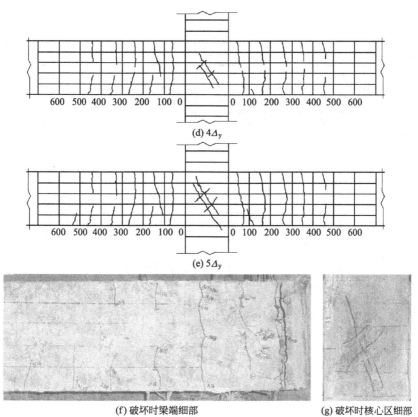

(d) $4\Delta_y$

(e) $5\Delta_y$

(f) 破坏时梁端细部

(g) 破坏时核心区细部

图 2-14 梁柱节点试件 BCJ2-2 的裂缝发展及破坏

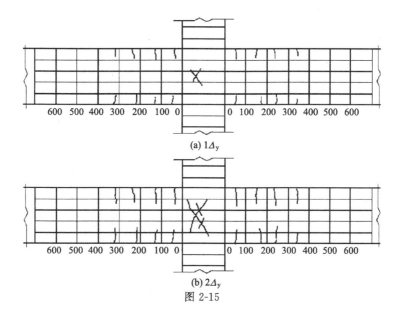

(a) $1\Delta_y$

(b) $2\Delta_y$

图 2-15

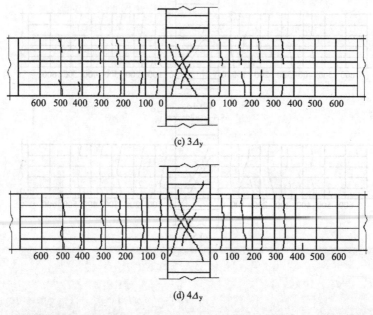

(c) $3\Delta_y$

(d) $4\Delta_y$

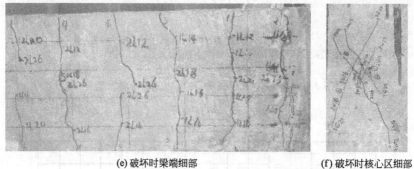

(e) 破坏时梁端细部   (f) 破坏时核心区细部

图 2-15　梁柱节点试件 BCJ3-1 的裂缝发展及破坏

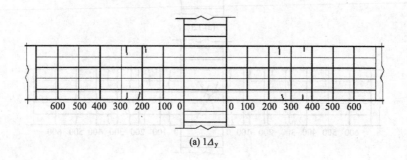

(a) $1\Delta_y$

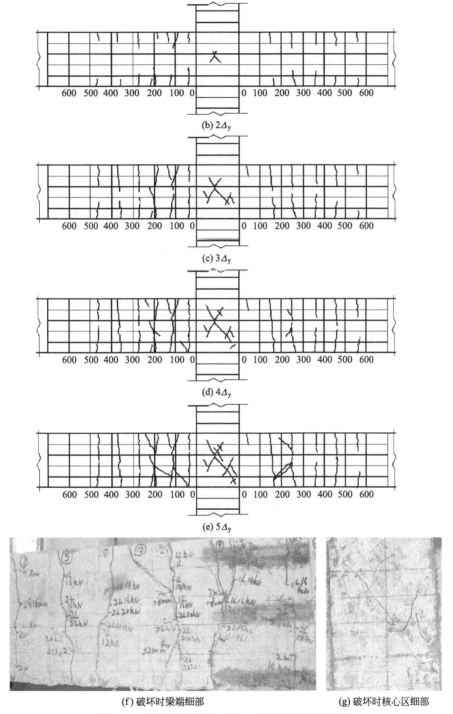

(b) 2Δ_y

(c) 3Δ_y

(d) 4Δ_y

(e) 5Δ_y

(f) 破坏时梁端细部

(g) 破坏时核心区细部

图 2-16　梁柱节点试件 BCJ3-2 的裂缝发展及破坏

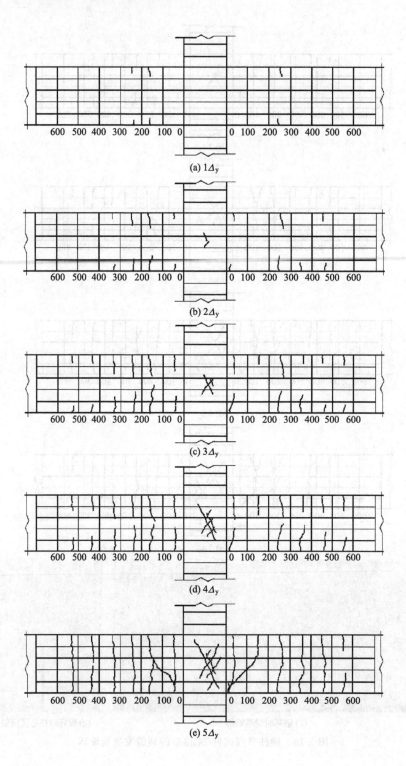

(a) $1\Delta_y$

(b) $2\Delta_y$

(c) $3\Delta_y$

(d) $4\Delta_y$

(e) $5\Delta_y$

(f) 破坏时梁端细部　　　　　(g) 破坏时核心区细部　　　　　(h) 破坏时梁端顶面

图 2-17　梁柱节点试件 BCJ3-3 的裂缝发展及破坏

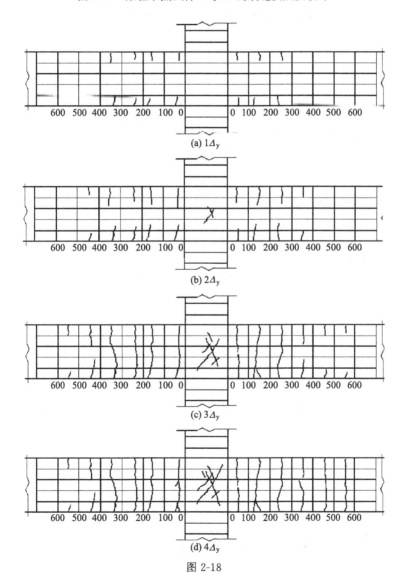

图 2-18

(e) 破坏时梁端细部 　　　　　　　　(f) 破坏时核心区细部

图 2-18　梁柱节点试件 BCJ4-1 的裂缝发展及破坏

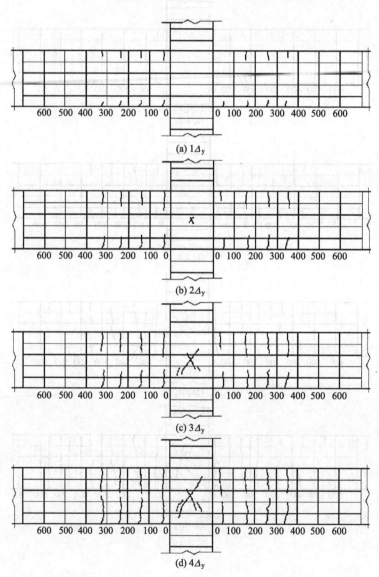

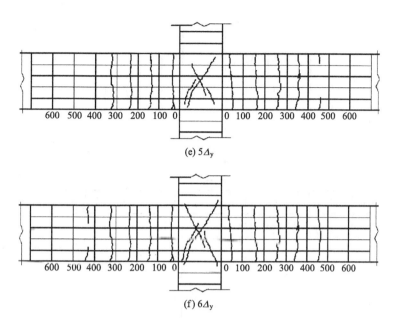

(e) $5\Delta_y$

(f) $6\Delta_y$

(g) 破坏时梁端细部　　　　　　　　(h) 破坏时核心区细部

图 2-19　梁柱节点试件 BCJ4-2 的裂缝发展及破坏

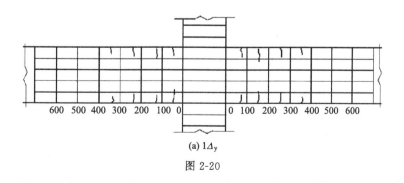

(a) $1\Delta_y$

图 2-20

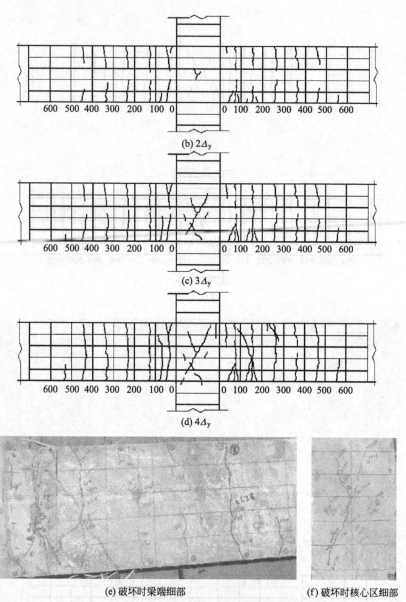

(b) $2\Delta_y$

(c) $3\Delta_y$

(d) $4\Delta_y$

(e) 破坏时梁端细部　　　　　　　　　(f) 破坏时核心区细部

图 2-20　梁柱节点试件 BCJ5-1 的裂缝发展及破坏

　　分析梁柱节点试件在加载过程的裂缝发展发现，随柱端轴压比、核心区配箍率、钢纤维体积率及其掺入梁端长度和混凝土强度等变化，梁柱节点试件裂缝的发展有所不同。与钢筋混凝土梁柱节点试件 BCJ5-0 相比，钢筋钢纤维高强混凝土梁柱节点试件的核心区初始斜裂缝出现较晚，裂缝发展较为缓慢，破坏时裂缝数量较多而宽度较小，且随钢纤维体积率增加与主斜裂缝平行的细小裂缝位置较为集中；梁端的裂缝以垂直裂缝为主，斜裂缝较少。柱端轴压比对梁柱节点裂缝的影响主要体现在核心区裂缝。柱端轴压比为 0.2 的梁柱节点试件 BCJ1-1 在荷载控制加载至 23kN 时核心区出现初始斜裂缝，柱端轴压比为 0.4 的梁柱节点试件 BCJ1-2 在 2 倍屈服位移幅值循环加载时核心区出现初始斜裂缝，破坏时裂缝数量较少，交叉主斜裂缝伸入柱端。钢纤维掺入梁端长度对梁柱节点裂缝的影响主要体现在梁端裂缝。钢纤维掺入梁端长度为 50mm 的梁柱节点试件 BCJ4-1 梁端初始裂缝出现在距柱边 80mm 附近，随钢纤维掺入梁端长度的增加，梁柱节点试件 BCJ2-0 和 BCJ4-2 的梁端初始裂缝距柱边较远，分别为 150mm 和 240mm 处，破坏时核心区裂缝较少，梁端裂缝主要为垂直裂缝。与 CF60 强度等级的梁柱节点试件 BCJ2-0 相比，CF80 强度等级的梁柱节点试件 BCJ2-2 核心区初始裂缝出现较晚，破坏时裂缝数量较少，斜裂缝未贯通，梁端裂缝宽度较小。

2.3.2　梁柱节点试件破坏特征

梁柱节点试件主要呈现核心区剪切破坏和梁端弯曲破坏模式，典型试件破坏时的裂缝分布见图 2-21。钢纤维的阻裂作用明显改善了混凝土的破坏形态，梁柱节点剪切破坏时核心区混凝土无严重酥裂和剥落现象，章文纲[49] 和 A. Filiatrault[50] 进行的钢筋钢纤维混凝土梁柱节点循环加载试验均得到相似的结论，见图 2-21(c)。

核心区配箍率或钢纤维体积率较小的试件如 BCJ1-0、BCJ1-1、BCJ1-2、BCJ3-1 和 BCJ5-0 为核心区剪切破坏，见图 2-21(a)，其破坏过程及特点主要为：当加载至最大荷载 75% 左右时，节点核心区中部沿近似对角线方向出现初始斜裂缝，宽度约为 0.02mm。之后随荷载幅值及循环次数增加，斜裂缝向两对角方向扩展，梁端裂缝发展缓慢。节点破坏时，核心区形成贯通交叉主斜裂缝，核心区中部附近出现一系列细小斜向平行裂缝，同时核心区箍筋大多已屈服，混凝土保护层出现局部剥落现象，而梁端裂缝较小且发展趋向稳定，破坏主要集中在节点核心区。

核心区配箍率及钢纤维体积率较大的试件 BCJ2-0、BCJ2-2、BCJ3-2、BCJ3-3、BCJ4-1、BCJ4-2 和 BCJ5-1 为梁端弯曲破坏，见图 2-21(b)，其破坏过程基本相同。首先在梁端距柱边 50～250mm 范围内出现受弯垂直裂缝，之后随荷载幅值及循环次数增加，梁端纵向钢筋屈服，垂直裂缝扩展的同时出现了一系列斜裂缝，最终上下端裂缝贯通形成塑性铰。节点核心区裂缝发展缓慢，破坏时仅出现

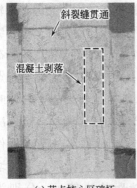
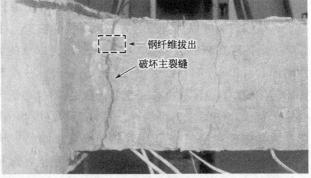

(a) 节点核心区破坏   (b) 梁端弯曲破坏

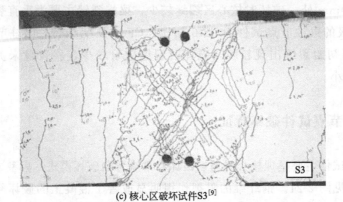

(c) 核心区破坏试件S3[9]

图 2-21　典型试件破坏时裂缝分布

轻微裂缝，宽度在 0.15mm 左右。破坏主裂缝是一条距柱边 60mm 处的垂直裂缝，总体呈现梁端弯曲破坏特征。

2.4　梁柱节点主要试验结果分析

2.4.1　梁柱节点核心区剪切变形

循环荷载下梁柱节点核心区混凝土开裂后产生剪切变形，是影响梁柱节点抗震性能的主要因素。梁柱节点核心区受力和剪切变形见图 2-22。

通常采用剪切角 γ 表示梁柱节点核心区的剪切变形，可利用量测得到的核心区对角线伸长和缩短值确定，γ 的计算公式为：

$$\gamma = \alpha_1 + \alpha_2 = \frac{[(\delta_1 + \delta_1') + (\delta_2 + \delta_2')]\sqrt{a^2 + b^2}}{2ab} \tag{2-1}$$

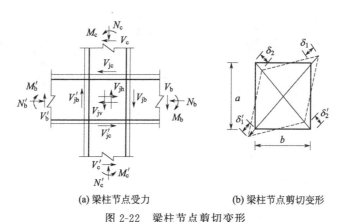

(a) 梁柱节点受力　　　(b) 梁柱节点剪切变形

图 2-22　梁柱节点剪切变形

式中，γ 为梁柱节点核心区剪切角；α_1、α_2 为梁柱节点核心区变形后的夹角；δ_1、δ_1'、δ_2 和 δ_2' 分别为梁柱节点核心区对角线伸长和缩短值；a 和 b 为梁柱节点核心区截面尺寸，见图 2-22。

根据试验结果得到的梁柱节点试件荷载-剪切角（P-γ）曲线见图 2-23。加载初期，P-γ 曲线基本呈线性变化，剪切变形较小，随加载位移幅值和循环次数的增加，剪切变形逐渐增大。破坏模式相同的梁柱节点试件 P-γ 曲线形态相似，核心区剪切破坏的梁柱节点试件剪切变形较大，加载后期 P-γ 曲线呈典型的 S 形；梁端弯曲破坏的梁柱节点试件剪切变形较小且发展稳定，基本呈线性变化。梁柱节点试件在开裂、屈服、峰值以及破坏等特征点处的剪切角见图 2-24。随轴压比、混凝土强度、核心区配箍率和钢纤维体积率及其掺入梁端长度的增加，梁柱节点剪切变形减小，且发展较缓。钢筋钢纤维高强混凝土梁柱节点试件的剪切角平均值变化范围为 $-0.0037 \sim 0.0037$，而钢筋混凝土梁柱节点试件 BCJ5-0 和 BCJ5-1 的剪切角平均值变化范围为 $-0.0058 \sim 0.0058$。由图 2-24 可知，相同条件下，与钢纤维体积率为 0.5% 的梁柱节点试件 BCJ3-1 相比，钢纤维体积率为 1.0% 梁柱节点试件 BCJ2-0 破坏点处剪切角减小了 53.9%，表明钢纤维有效限制了核心区剪切变形。这主要是由于钢纤维阻裂和约束作用减少了混凝土开裂变形，同时钢纤维高强混凝土显著增强梁纵筋的黏结锚固性能[63]，减小梁纵筋屈服后的黏结滑移。由图 2-24 可见，相同条件下，与核心区无箍筋的梁柱节点试件 BCJ1-0 相比，配箍率为 0.57% 的梁柱节点试件 BCJ2-0 破坏点处剪切角减小了 32.6%；与轴压比为 0.2 的梁柱节点试件 BCJ1-1 相比，轴压比为 0.4 的梁柱节点试件 BCJ1-2 破坏点处剪切角减小了 25.6%；与混凝土强度等级为 CF60 的梁柱节点试件 BCJ2-0 相比，混凝土强度等级为 CF80 的梁柱节点试件 BCJ2-2

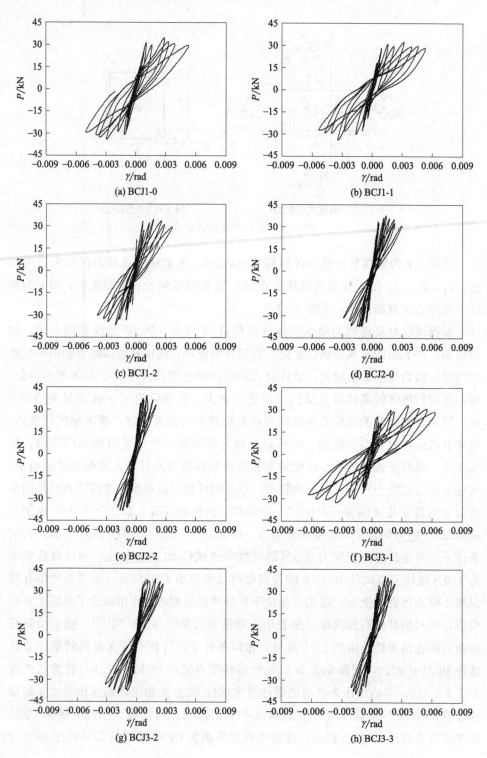

(a) BCJ1-0

(b) BCJ1-1

(c) BCJ1-2

(d) BCJ2-0

(e) BCJ2-2

(f) BCJ3-1

(g) BCJ3-2

(h) BCJ3-3

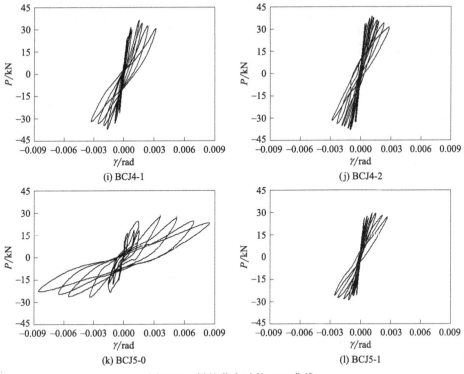

图 2-23　梁柱节点试件 P-γ 曲线

破坏点处剪切角减小了 27.6%；钢纤维掺入梁端长度为 250mm 的梁柱节点试件
BCJ4-2 破坏点处剪切角较掺加长度为 50mm 的梁柱节点试件 BCJ4-1 减小了
22.2%，表明提高核心区配箍率、柱端轴压比和混凝土强度可增强对核心区混凝
土的约束，减小其剪切变形；钢纤维掺入梁端长度的增加可有效延缓梁端纵筋屈
服向梁柱节点核心区的渗透，限制剪切变形发展。

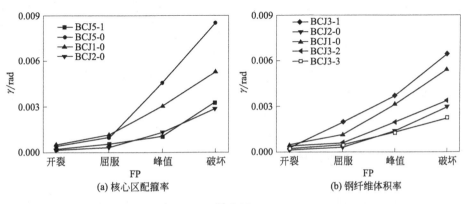

图 2-24

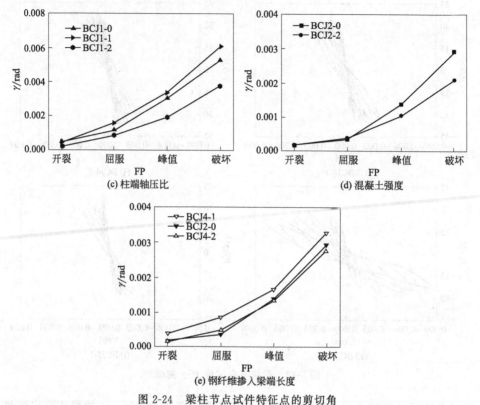

(c) 柱端轴压比

(d) 混凝土强度

(e) 钢纤维掺入梁端长度

图 2-24   梁柱节点试件特征点的剪切角

节点剪切变形引起的梁端位移 δ_γ 的计算式为：

$$\delta_\gamma = \gamma L_b \tag{2-2}$$

式中，L_b 为梁端加载点至梁柱节点核心区的距离。

根据试验量测数据，由式(2-2)计算得到的梁柱节点试件破坏时的 δ_γ 及其在梁端位移中的比重 δ_γ/Δ_u，见表 2-5。其中，Δ_u 为梁端位移，δ_γ 和 Δ_u 取正反向加载的平均值。分析表 2-5 可知，发生剪切破坏的梁柱节点核心区约束能力较弱，其剪切变形占梁端位移中的比重较大，通过增加柱端轴压比、混凝土强度、核心区配箍率和钢纤维体积率及其掺入梁端长度等措施，可有效增强对核心区混凝土的约束，限制变形发展，减小剪切变形在梁端位移中的比重，如钢纤维高强混凝土梁柱节点的 δ_γ/Δ_u 平均值为 11.4%，较钢筋混凝土梁柱节点减少了 50.6%。

2.4.2   梁柱节点梁端塑性铰区变形

梁柱节点屈服后梁端逐渐形成塑性铰，塑性铰外梁端损伤较小，可认为是弹性变形[27]。因此，塑性铰区的转动是影响梁柱节点变形的主要因素。通常采用截面平均曲率 ϕ 表示梁柱节点梁端塑性铰区的转动，可利用量测得到的梁端截面上下部分的变形计算确定。研究表明，塑性铰长度为 1.0～1.5 倍梁端截面高度。因此，试验时，在距柱边 190mm 和 380mm 处的梁上下端分别设置位移计。梁端塑性铰区 0～190mm 和 190～380mm 范围内的平均曲率计算公式分别为：

$$\phi_1 = \frac{|\delta_{t,1} - \delta_{t,0}| + |\delta_{b,1} - \delta_{b,0}|}{h_\phi l_\phi} \tag{2-3}$$

$$\phi_2 = \frac{|\delta_{t,2} - \delta_{t,1}| + |\delta_{b,2} - \delta_{b,1}|}{h_\phi l_\phi} \tag{2-4}$$

式中，ϕ_1 和 ϕ_2 分别为距柱边 0～190mm 和 190～380mm 范围内的梁端截面平均曲率；$\delta_{t,0}$、$\delta_{t,1}$、$\delta_{t,2}$、$\delta_{b,0}$、$\delta_{b,1}$ 和 $\delta_{b,2}$ 分别为梁端截面上下部位移计量测值；h_ϕ 为梁端上下部位移计间距离；l_ϕ 为量测截面间距离，见图 2-25。

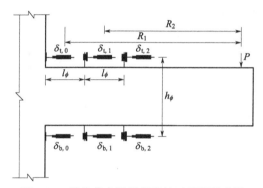

图 2-25 梁柱节点梁端塑性铰区量测示意图

根据试验量测数据，由式(2-3) 和式(2-4) 计算得到的梁端塑性铰区平均曲率 ϕ_1 和 ϕ_2 随加载位移级别 (Δ/Δ_y) 的变化见图 2-26。图中，实线和虚线分别表示距柱边 0～190mm 和 190～380mm 范围内的梁端截面平均曲率 ϕ_1 和 ϕ_2。达到破坏时，钢筋钢纤维高强混凝土梁柱节点的 ϕ_1 和 ϕ_2 的平均值分别为 10.27×10^{-5} rad/mm 和 4.56×10^{-5} rad/mm，而钢筋混凝土梁柱节点试件 BCJ5-0 的 ϕ_1 和 ϕ_2 分别为 6.09×10^{-5} rad/mm 和 1.09×10^{-5} rad/mm，可见钢筋钢纤维高强混凝土梁柱节点梁端塑性铰转动能力更好。为了分析钢纤维体积率、配箍率、混凝土强度和柱端轴压比等对梁柱节点梁端塑性铰转动的影响，分别拟合得到各梁柱节点试件 ϕ_1 和 ϕ_2 曲线的斜率 $k_{\phi,1}$ 和 $k_{\phi,2}$。由图 2-26(a) 可知，梁柱节点核心区配箍率为 1.20% 的试件 BCJ5-1 破坏点处的 ϕ_1 和 ϕ_2 较配箍率为 0.57% 的试件 BCJ5-0 分别增加了 96.4% 和 20.2%，其 ϕ_1 和 ϕ_2 曲线拟合得到的斜率 $k_{\phi,1}$

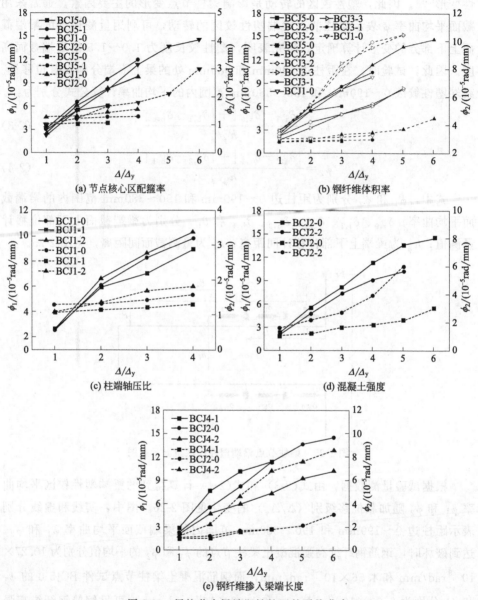

(a) 节点核心区配箍率

(b) 钢纤维体积率

(c) 柱端轴压比

(d) 混凝土强度

(e) 钢纤维掺入梁端长度

图 2-26 梁柱节点梁端塑性铰区的平均曲率

和 $k_{\phi,2}$ 分别为 2.934 和 0.093，较试件 BCJ5-0 增加了 89.3% 和 92.5%，表明增加配箍率可有效约束核心区剪切变形，充分发挥梁端塑性铰的耗散能力，从而增强其循环荷载下的抗震性能。从图 2-26(a) 还可发现，钢筋混凝土梁柱节点的梁端塑性铰区转动主要集中在距柱边 0～190mm 范围。图 2-26(b) 反映钢纤维体

积率对梁柱节点 ϕ_1 和 ϕ_2 的影响。梁柱节点梁端塑性铰区 190～380mm 范围内的 $k_{\phi,2}$ 随钢纤维体积率增加而增大，表明梁端塑性铰区 190～380mm 范围内梁截面转动能力随钢纤维体积率增加逐渐增强，这主要是由于掺入的钢纤维在增强梁柱节点塑性铰转动能力的同时，可使其向梁外端发展。相同条件下，钢纤维体积率为 1.0% 的梁柱节点试件 BCJ2-0 的 $k_{\phi,1}$ 和 $k_{\phi,2}$ 分别为 2.557 和 0.367，较钢纤维体积率为 0.5% 的梁柱节点试件 BCJ3-1 分别提高 2.2% 和 491.9%。随轴压比增加，梁柱节点塑性铰转动能力增强，加载后期 190～380mm 范围内塑性铰转动显著增加。轴压比为 0.4 的梁柱节点试件 BCJ1-2 的 $k_{\phi,1}$ 和 $k_{\phi,2}$ 分别为 2.519 和 0.256，较轴压比为 0.2 的梁柱节点试件 BCJ1-1 分别提高 25.7% 和 236.8%，见图 2-26(c)。混凝土强度等级为 CF80 的梁柱节点试件 BCJ2-2 的 $k_{\phi,1}$ 和 $k_{\phi,2}$ 分别为 2.114 和 1.075，较同等条件下强度等级为 CF60 试件 BCJ2-0 分别减小 20.9% 和提高 192.9%，表明混凝土强度提高，距梁柱节点核心区较远的梁端塑性铰变形较强，见图 2-26(d)。相同条件下钢纤维掺入梁端长度为 250mm 试件 BCJ4-2 的 $k_{\phi,2}$ 为 1.571，掺入梁端长度为 50mm 试件 BCJ4-1 的 $k_{\phi,2}$ 为 0.289，可见随钢纤维掺入梁端长度的增加，梁端塑性铰变形主要集中在 190～380mm 范围内，见图 2-26(e)。

基于塑性铰外梁端近似弹性变形的假定，可得塑性铰转动产生的梁端位移 δ_ϕ 为：

$$\delta_\phi = (\phi_1 R_1 + \phi_2 R_2) l_\phi \tag{2-5}$$

式中，R_1 和 R_2 分别为梁端加载点至塑性铰区 0～190mm 和 190～380mm 量测段中点的距离，见图 2-25。

根据试验量测数据，由式(2-5)计算得到的梁柱节点试件破坏时的 δ_ϕ 及其在梁端位移中的比重 δ_ϕ/Δ_u，见表 2-5。其中，δ_ϕ 取正反向加载的平均值。

表 2-5　梁柱节点破坏时 γ 和 ϕ 产生的变形及比重

试件编号	γ /rad	δ_γ /mm	ϕ_1 /(10^{-5} rad/mm)	ϕ_2 /(10^{-5} rad/mm)	δ_ϕ /mm	Δ_u /mm	δ_γ/Δ_u/%	δ_ϕ/Δ_u/%
BCJ1-0	0.0043	4.73	9.81	1.58	21.18	31.88	14.84	66.44
BCJ1-1	0.0053	5.83	8.96	1.31	19.14	31.00	18.81	61.73
BCJ1-2	0.0032	3.51	10.32	1.82	22.52	32.56	10.78	69.18
BCJ2-0	0.0029	3.20	14.59	3.02	32.53	41.09	7.79	79.18
BCJ2-2	0.0021	2.30	10.22	6.03	28.85	35.92	6.40	80.32
BCJ3-1	0.0063	6.93	10.43	1.21	21.79	32.05	21.62	67.99
BCJ3-2	0.0033	3.62	8.27	10.13	31.48	40.20	9.00	78.30

续表

试件编号	γ /rad	δ_γ /mm	ϕ_1 /(10^{-5}rad/mm)	ϕ_2 /(10^{-5}rad/mm)	δ_ϕ /mm	Δ_u /mm	δ_γ/Δ_u/%	δ_ϕ/Δ_u/%
BCJ3-3	0.0022	2.42	8.43	10.15	31.81	39.62	6.11	80.30
BCJ4-1	0.0036	3.94	11.46	1.82	24.70	36.02	10.93	68.58
BCJ4-2	0.0028	3.03	10.29	8.55	32.89	41.06	7.37	79.63
BCJ5-0	0.0082	9.02	6.09	1.09	13.32	23.91	37.72	55.70
BCJ5-1	0.0025	2.75	11.96	1.31	24.87	32.40	8.49	76.75

分析表 2-5 可知,弯曲破坏的梁柱节点梁端塑性铰转动能力较强,产生的变形占梁端位移的比重较大。相同条件下,与钢纤维体积率为 1.0% 的梁柱节点试件 BCJ1-0 相比,钢纤维体积率为 1.5% 的梁柱节点试件 BCJ3-2 破坏点的 δ_ϕ/Δ_u 增大了 17.9%;与核心区无箍筋的梁柱节点试件 BCJ1-0 相比,配箍率为 0.57% 的梁柱节点试件 BCJ2-0 破坏点的 δ_ϕ/Δ_u 增大了 19.2%;与轴压比为 0.2 的梁柱节点试件 BCJ1-1 相比,轴压比为 0.4 的梁柱节点试件 BCJ1-2 破坏点处的 δ_ϕ/Δ_u 增大了 12.1%;钢纤维掺入梁端长度为 250mm 的梁柱节点试件 BCJ4-2 破坏点处的 δ_ϕ/Δ_u 较掺加长度为 50mm 的梁柱节点试件 BCJ4-1 增大了 16.1%。表明提高柱端轴压比、核心区配箍率和钢纤维体积率及其掺入梁端长度,可增强梁端塑性铰转动能力。混凝土强度等级为 CF80 的梁柱节点试件 BCJ2-2 破坏点处的 δ_ϕ/Δ_u 较混凝土强度等级为 CF60 的梁柱节点试件 BCJ2-0 增大了 1.4%,影响较小。这主要是由于提高钢纤维高强混凝土强度等级,在显著改善梁纵筋黏结锚固性能和增强梁端抗弯能力的同时,混凝土脆性随之增加。

2.4.3　梁柱节点梁端纵筋应变

文献 [96] 通过 7 个足尺钢筋混凝土梁柱中柱节点的循环加载试验,研究了梁纵筋的黏结锚固性能,发现梁纵筋黏结性能可影响梁柱节点的耗能能力,但对受剪承载力影响较小。梁纵筋黏结锚固良好时其滑移量较小,梁柱节点耗能能力较强,滞回曲线呈饱满梭形。由于试验条件的限制,本书未测试梁纵筋的黏结滑移量,仅通过布置的钢筋应变片量测了梁纵筋的应变,应变片布置见图 2-6(a)。

以典型梁柱节点试件 BCJ5-0 为例,结合其荷载-位移滞回曲线说明梁纵筋黏结锚固性能对梁柱节点性能的影响。加载至屈服、峰值和破坏等特征点时,梁柱节点试件 BCJ5-0 的梁纵筋应变片(测点 G1~G9)变化见图 2-27,对应的荷载-位移滞回环见图 2-28。正反向加载初期,柱截面的梁纵筋一侧为拉应变,另一侧为压应变，即应变片 G4 和 G6 的应变值正负号相反，柱截面内的梁纵筋应变片 G5 的应变较小，此时荷载-位移滞回环近似呈线性变化，残余变形较小，见图 2-27(a) 和图 2-28(a)。随荷载增加，靠近柱端截面的梁受拉区应变片 G4 或 G6 的拉应变逐渐屈服，正反向交替加载 G5 均为拉应变且数值不断增大，柱截面的梁纵筋一侧受拉，另一侧受压区钢筋压应变逐渐减小，此时荷载-位移滞回环残余变形增大，见图 2-27(b) 和图 2-28(b)。加载至峰值荷载，G5 拉应变较大接近屈服，受压区 G4 或 G6 的压应变较小逐渐转变为拉应变，此时荷载-位移滞回环出现捏缩，见图 2-27(c) 和图 2-28(c)。加载结束时，G4、G5 和 G6 应变片破坏，受压区量测点的钢筋应变基本为拉应变，此时荷载-位移滞回环刚度退化严重，向水平轴倾斜呈倒 S 形，表明梁纵筋黏结退化加剧，见图 2-27(d) 和图 2-28(d)。T. R. Leon[97] 研究认为，梁纵筋的受拉端屈服，受压端的应力为压应力时其黏结应力可有效传入节点，若受压端应力为拉应力表明梁纵筋黏结性能受损，达到受拉屈服可认为其黏结性能丧失。因此，可通过循环荷载下钢筋的应变变化研究试验参数对梁纵筋黏结性能的影响。

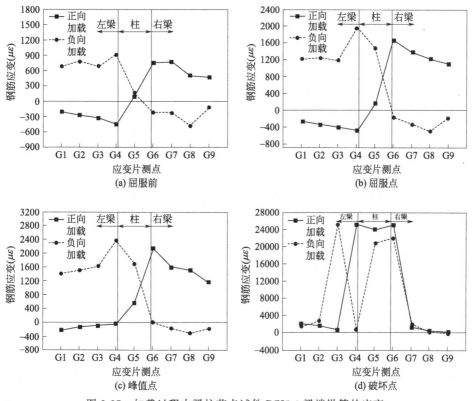

图 2-27 加载过程中梁柱节点试件 BCJ5-0 梁端纵筋的应变

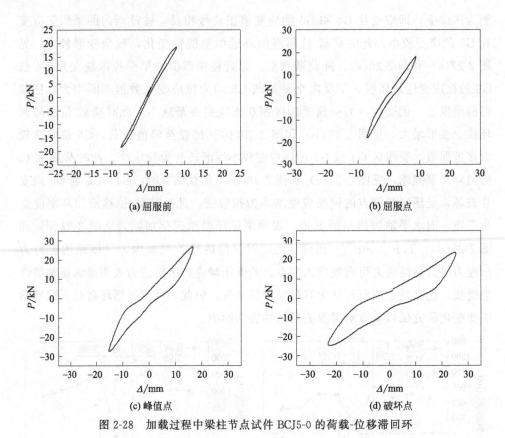

(a) 屈服前

(b) 屈服点

(c) 峰值点

(d) 破坏点

图 2-28　加载过程中梁柱节点试件 BCJ5-0 的荷载-位移滞回环

梁柱节点试件梁纵筋在不同加载位移级别下的应变变化见图 2-29～图 2-40。其中，左、右图分别为正、反向加载时的应变变化，Δ_y 前面数字代表加载位移级别，"+、−" 符号代表正向或反向加载，后面数字代表循环次数，如 "$1\Delta_y + 1$"表示以 1 倍屈服位移为幅值进行的第 1 次正向加载。从图 2-29～图 2-40 可见，梁柱节点试件梁纵筋应变变化总体趋势相似，随位移幅值和循环次数增加，梁纵筋逐渐屈服，且屈服向核心区渗透，受压端梁纵筋应力逐渐转为受拉。随配箍率、柱端轴压比、混凝土强度和钢纤维体积率及其掺入梁端长度的不同，应变片 G5 应变增加的速率、梁纵筋首先屈服的位置以及加载后期受压端梁纵筋变为拉应力的程度等有所不同。与梁柱节点核心区无箍筋的试件 BCJ1-0 相比，配箍率为 0.57% 的梁柱节点试件 BCJ2-0 屈服时 G5 应变减小了 30.5%，破坏时受压端仅 G4 应变变为拉应变；与轴压比为 0.2 的梁柱节点试件 BCJ1-1 相比，轴压比为 0.4 的梁柱节点试件 BCJ1-2 屈服时 G5 应变减小了 15.2%，破坏时受压端最大拉应变减小了 35.4%；与混凝土强度等级为 CF60 的梁柱节点试件

BCJ2-0 相比，混凝土强度等级为 CF80 的梁柱节点试件 BCJ2-2 屈服时 G5 应变减小了 46.3%，破坏时受压端最大拉应变减小了 5.5%。这主要是由于随配箍率、柱端轴压比和混凝土强度的增加，增强了对混凝土的约束，梁纵筋黏结应力提高，G5 应变增加较缓，破坏时受压端梁纵筋应力逐渐转为受拉的幅度较小，梁纵筋黏结退化减弱。与钢纤维体积率为 1.0% 的梁柱节点试件 BCJ1-0 相比，钢纤维体积率为 1.5% 的梁柱节点试件 BCJ3-2 的应变片 G3 和 G7 首先屈服，表明梁纵筋屈服向外端转移；钢纤维掺入梁端长度为 250mm 的梁柱节点试件 BCJ4-2 应变片 G4 和 G6 应变增加较缓，屈服时 G5 应变减小了 49.3%，破坏时受压端最大拉应变减小了 2.6%。这主要是由于钢纤维体积率及其掺入梁端长度的增加，钢纤维的桥架和销栓作用明显提高了混凝土开裂后抗拉强度以及与钢筋的黏结性能，使梁纵筋首先屈服的位置距柱边较远，G5 应变增加较缓。

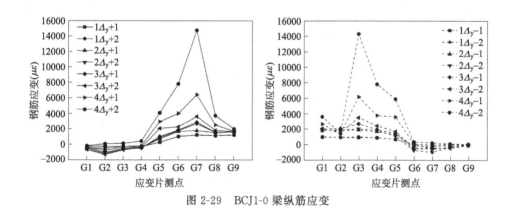

图 2-29 BCJ1-0 梁纵筋应变

图 2-30 BCJ1-1 梁纵筋应变

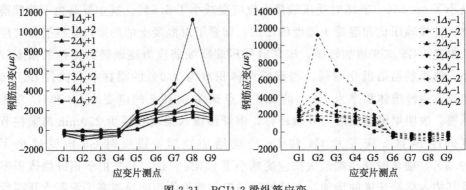

图 2-31　BCJ1-2 梁纵筋应变

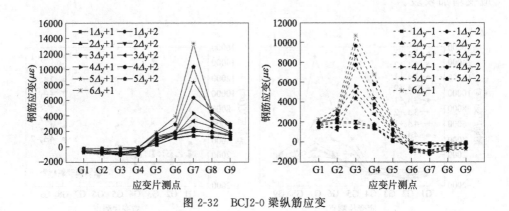

图 2-32　BCJ2-0 梁纵筋应变

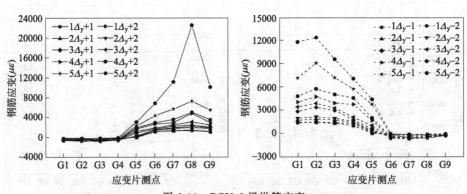

图 2-33　BCJ2-2 梁纵筋应变

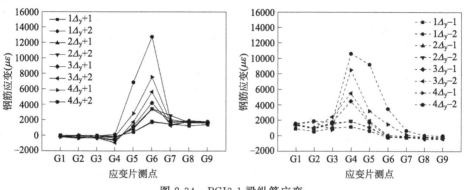

图 2-34　BCJ3-1 梁纵筋应变

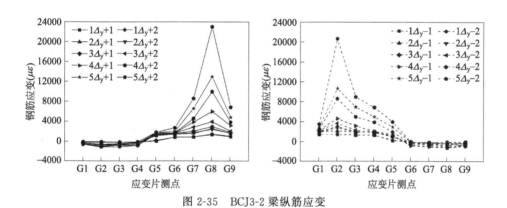

图 2-35　BCJ3-2 梁纵筋应变

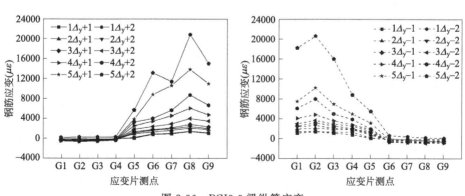

图 2-36　BCJ3-3 梁纵筋应变

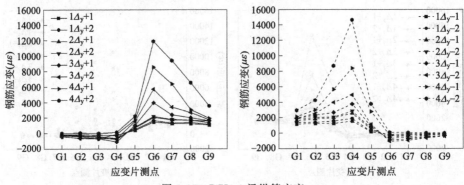

图 2-37　BCJ4-1 梁纵筋应变

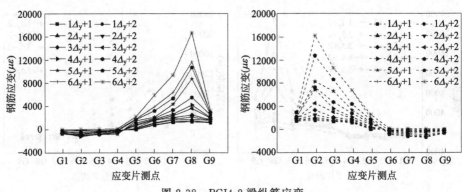

图 2-38　BCJ4-2 梁纵筋应变

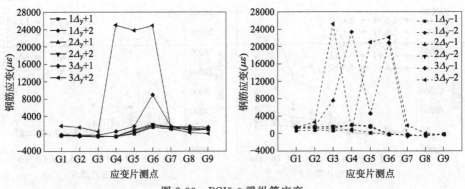

图 2-39　BCJ5-0 梁纵筋应变

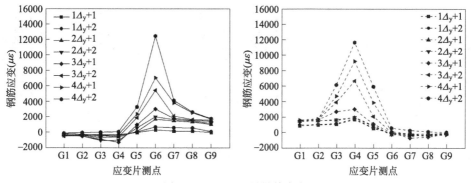

图 2-40 BCJ5-1 梁纵筋应变

2.4.4 梁柱节点梁端箍筋应变

试验表明，梁柱节点试件左右梁端箍筋应变变化相似。以梁柱节点试件的左梁为例，通过实测的 G10～G13 箍筋的应变，分析循环荷载下梁柱节点梁端的抗剪性能。不同位移级别循环加载下梁端箍筋的应变变化见图 2-41～图 2-52。图中，实线和虚线分别为正、反向加载时梁端箍筋的应变变化。由图可见，加载初期 G10～G13 应变较小，随位移幅值和循环次数增加，G10～G13 应变不同程度增大，梁柱节点试件破坏时，钢筋钢纤维高强混凝土梁柱节点箍筋 G10～G13 最大应变的平均值为 344.9με，较钢筋混凝土梁柱节点减少了 63.5%，表明掺入钢纤维可有效分担箍筋承受的剪力。梁柱节点核心区配箍率为 1.20% 的试件 BCJ5-1 破坏时的梁端箍筋应变最大值与配箍率为 0.57% 梁柱节点试件 BCJ5-0 近似，甚至正向加载破坏时的最大值要大于梁柱节点试件 BCJ5-0。这主要是由于节点核心区配箍率提高增强了梁柱节点核心区的抗剪能力，梁端循环加载的次数和位移幅值增大，梁端承受更多的弯矩和剪力。钢纤维掺入梁端长度增大，距柱边较远的箍筋承受较多剪力，如钢纤维掺入梁端长度为 250mm 的梁柱节点试件 BCJ4-2 的箍筋中 G11 应变值最大。轴压比为 0.2 的梁柱节点试件 BCJ1-1 的损伤主要集中在梁柱节点核心区，其梁端箍筋应变较小。相同条件下，混凝土强度等级为 CF80 的梁柱节点试件 BCJ2-2 破坏时箍筋应变最大值，较混凝土强度等级为 CF60 的梁柱节点试件 BCJ2-0 有小幅度的减少。这主要是由于高强混凝土抗剪作用较强，同时钢纤维的抗拉作用在高强混凝土中发挥更充分[21]。

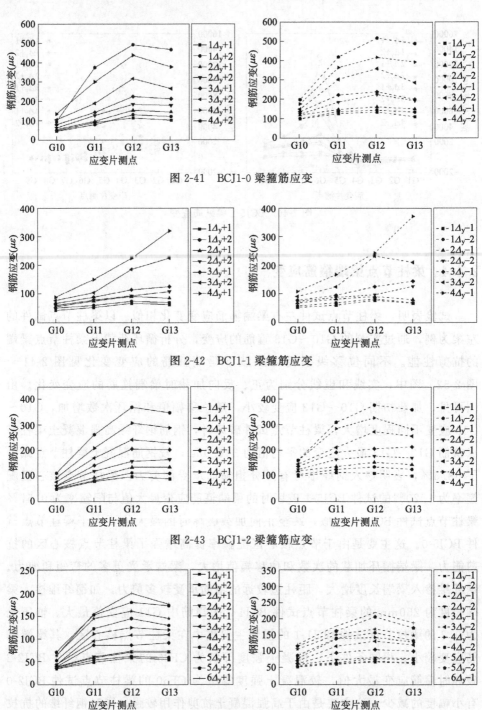

图 2-41　BCJ1-0 梁箍筋应变

图 2-42　BCJ1-1 梁箍筋应变

图 2-43　BCJ1-2 梁箍筋应变

图 2-44　BCJ2-0 梁箍筋应变

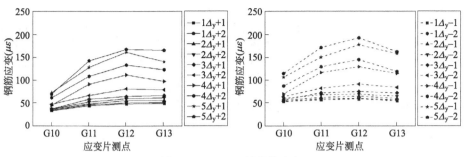

图 2-45 BCJ2-2 梁箍筋应变

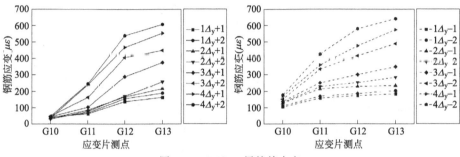

图 2-46 BCJ3-1 梁箍筋应变

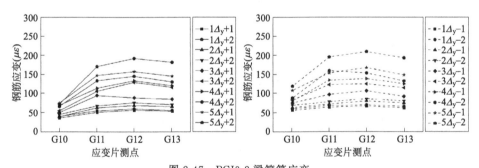

图 2-47 BCJ3-2 梁箍筋应变

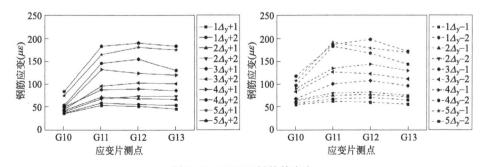

图 2-48 BCJ3-3 梁箍筋应变

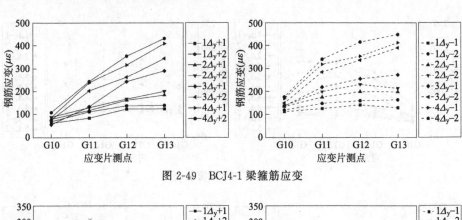

图 2-49　BCJ4-1 梁箍筋应变

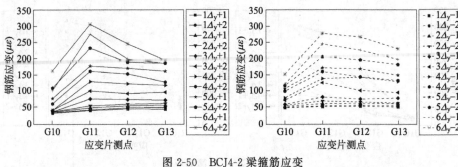

图 2-50　BCJ4-2 梁箍筋应变

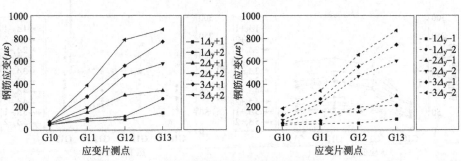

图 2-51　BCJ5-0 梁箍筋应变

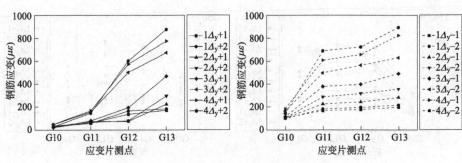

图 2-52　BCJ5-1 梁箍筋应变

2.4.5 梁柱节点核心区箍筋应变

试验量测了梁柱节点核心区箍筋的应变，应变片布置见图 2-53。加载结束时，梁柱节点试件 BCJ2-0、BCJ2-2 和 BCJ4-2 的箍筋未发生屈服，其核心区典型测点的箍筋应变变化见图 2-54、图 2-55 和图 2-56。由图可知，梁柱节点核心区掺入 1.0% 体积率的钢纤维后，由于钢纤维直接承担部分剪力且可约束混凝土变形，箍筋应变发展较缓，梁柱节点试件破坏时未达到屈服。与梁柱节点试件 BCJ2-0 相比，梁柱节点试件 BCJ2-2 和 BCJ4-2 箍筋应变发展较缓，破坏时箍筋最大应变较小，这主要是由于梁柱节点试件 BCJ2-2 的混凝土基体强度较高，使核心区混凝土变形减小；梁柱节点试件 BCJ4-2 提高了钢纤维掺入梁端的长度，延缓了梁纵筋屈服向核心区渗透。梁柱节点试件 BCJ4-1 核心区 G17 测点的箍筋发生屈服，其应变变化见图 2-57，可见随钢纤维掺入梁端长度的减小，梁端纵筋屈服进入核心区相对较快，箍筋抗剪和约束作用较充分，其应变发展较快。梁柱节点试件 BCJ5-1 核心区测点箍筋应变变化见图 2-58。由图可知，梁柱节点核心区中部测点 G20 箍筋应变较其他测点应变发展较快且破坏时达到屈服，这与核心区裂缝的发展相似，核心区中部首先出现斜裂缝且是破坏时主要的受损部位。梁柱节点试件 BCJ5-0 核心区箍筋应变变化见图 2-59，可见循环荷载下箍筋应变发展较快，破坏时箍筋均达到屈服。发生剪切破坏的梁柱节点试件 BCJ3-1 的核心区箍筋均屈服，但与梁柱节点试件 BCJ5-0 相比，其箍筋应变增长明显减缓，核心区典型测点的箍筋应变变化见图 2-60。

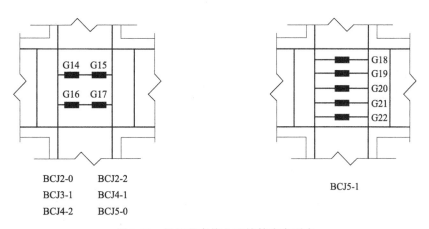

图 2-53 梁柱节点核心区箍筋应变测点

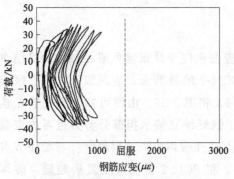

图 2-54　BCJ2-0 的 G14 测点箍筋应变

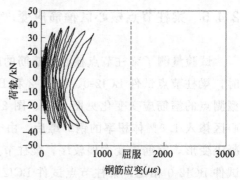

图 2-55　BCJ2-2 的 G14 测点箍筋应变

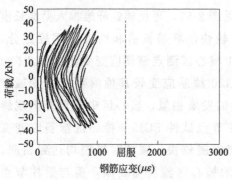

图 2-56　BCJ4-2 的 G14 测点箍筋应变

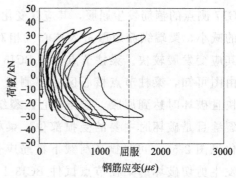

图 2-57　BCJ4-1 的 G17 测点箍筋应变

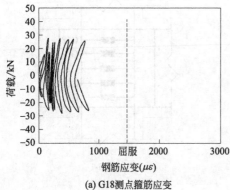

(a) G18测点箍筋应变

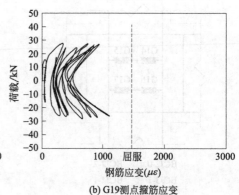

(b) G19测点箍筋应变

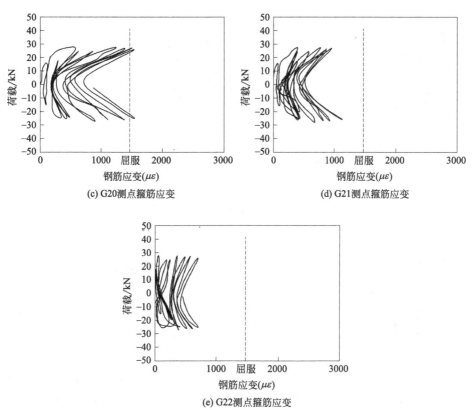

(c) G20测点箍筋应变

(d) G21测点箍筋应变

(e) G22测点箍筋应变

图 2-58　BCJ5-1 测点箍筋的应变

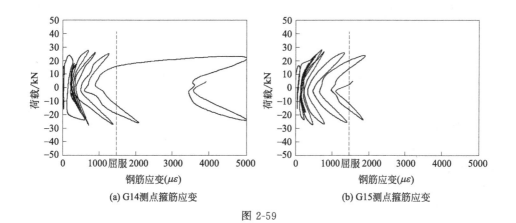

(a) G14测点箍筋应变

(b) G15测点箍筋应变

图 2-59

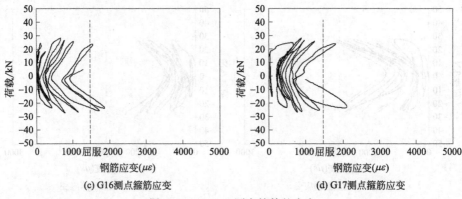

(c) G16测点箍筋应变   (d) G17测点箍筋应变

图 2-59　BCJ5-0 测点箍筋的应变

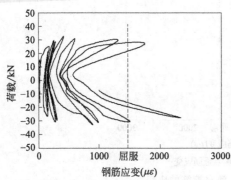

图 2-60　BCJ3-1 的 G16 测点箍筋应变

2.4.6　梁柱节点延性

延性代表结构或构件承载力未明显下降时的变形能力，是抗震性能研究的重要特性之一。通常采用延性系数作为评价指标，可分为针对构件局部的曲率延性系数和宏观的位移延性系数等。下面采用位移延性系数研究循环荷载下梁柱节点的整体反应。

位移延性系数 μ 可表示为：

$$\mu = \frac{\Delta_u}{\Delta_y} \qquad (2\text{-}6)$$

式中，Δ_y 和 Δ_u 为循环荷载下梁柱节点屈服和破坏时的梁端位移，Δ_u 取承载力降低至峰值荷载的 85% 时对应的梁端位移，Δ_y 通过等能量法确定，见图 2-61。首先在图中荷载-位移骨架曲线上确定 A 点，使 OCO 直线与曲线的面积和三角形 ABC 面积相等，再通过 A 点引垂直线与骨架曲线相交于 y 点即为屈服点。

根据梁柱节点试件的试验结果，由式（2-6）

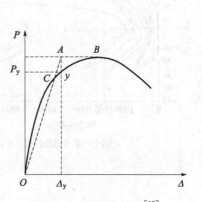

图 2-61　屈服点计算[27]

计算得到的梁柱节点试件的位移延性系数见表 2-6。计算时，荷载和位移取正反
向屈服点和破坏点荷载和位移的平均值。

表 2-6　梁柱节点试件的位移延性系数和能量耗散系数

试件编号	P_y/kN	Δ_y/mm	P_u/kN	Δ_u/mm	μ	E
BCJ1-0	26.87	11.05	29.53	31.88	2.885	0.979
BCJ1-1	26.49	10.96	27.68	31.00	2.828	0.946
BCJ1-2	27.92	11.14	29.80	32.56	2.923	1.002
BCJ2-0	29.81	11.42	31.22	41.09	3.598	1.175
BCJ2-2	28.36	11.03	32.39	35.92	3.257	1.262
BCJ3-1	26.73	10.98	27.43	32.05	2.919	0.857
BCJ3-2	28.71	11.35	32.75	40.20	3.541	1.242
BCJ3-3	29.69	11.60	33.67	39.62	3.410	1.251
BCJ4-1	27.06	11.14	30.92	36.02	3.233	1.025
BCJ4-2	29.96	11.99	29.87	41.06	3.425	1.028
BCJ5-0	23.34	9.65	22.02	23.91	2.478	0.532
BCJ5-1	23.95	9.03	24.75	32.40	3.588	1.135

注：P_y、Δ_y、P_u 和 Δ_u 分别为屈服点和破坏点的荷载和位移。

不同试验参数对比系列的梁柱节点试件延性系数的对比见图 2-62。随梁柱
节点核心区配箍率的提高，钢筋混凝土梁柱节点和钢筋钢纤维高强混凝土梁柱节
点的延性系数均增大，见图 2-62(a)；随钢纤维体积率的提高，梁柱节点试件的
延性系数增大，见图 2-62(b) 和 (c)。当钢纤维体积率为 2.0% 时，梁柱节点试
件延性系数增大的程度有所减小，这主要是由于混凝土中掺入钢纤维体积率过
大，钢纤维易结团，影响了钢纤维的增韧效果；随柱端轴压比增大，梁柱节点试

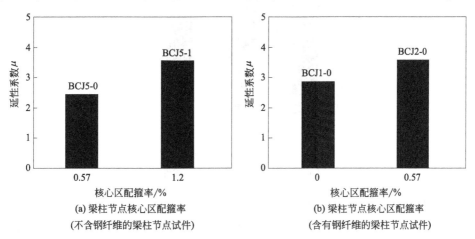

(a) 梁柱节点核心区配箍率
(不含钢纤维的梁柱节点试件)

(b) 梁柱节点核心区配箍率
(含有钢纤维的梁柱节点试件)

图 2-62

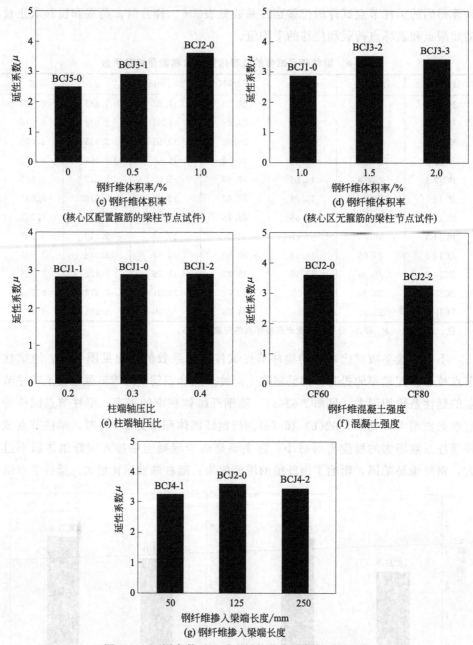

图 2-62　不同参数对比系列梁柱节点试件的延性系数

件的延性系数略有提高，见图 2-62(d)；随钢纤维混凝土强度的提高，延性系数有减小趋势，见图 2-62(e)，这主要是由于混凝土强度提高后，混凝土和易性减小，造成钢纤维易结团引起的；随钢纤维掺入梁端长度的增加，延性系数有所增大，但提高程度较小，见图 2-62(f)，这是由于随钢纤维掺入梁端长度的增加，一方面减缓了梁纵筋屈服向节点核心区渗透，有效限制了加载初期节点核心区的损伤发展，另一方面提高了梁端抗弯能力，过高的梁端荷载使核心区损伤发展增快导致的。

2.4.7　梁柱节点耗能能力

通常采用能量耗散系数、功比指数和等效黏滞系数等计算指标量化构件的耗能能力[98]。下面采用能量耗散系数 E 作为评价梁柱节点耗能能力的指标，其计算式为：

$$E = \frac{S_{ABCDA}}{S_{OBE} + S_{ODF}} \tag{2-7}$$

式中，S_{ABCDA} 为一次完整加卸载滞回环面积；S_{OBE}、S_{ODF} 分别为滞回环正反向最大荷载和位移对应的三角形面积，见图 2-63。

根据梁柱节点试件的试验结果，由式（2-7）计算得到相同位移幅值循环加载时首次循环的梁柱节点试件能量耗散系数 E，其随加载位移级别 n_g（$n_g = \Delta/\Delta_y$）的变化见图 2-64。可见，纵筋屈服时，不同梁柱节点能量耗散系数的差别较小，混凝土强度、柱端轴压比、核心区配箍率、钢纤维体积率及其掺入梁端长度对梁柱节点耗能能力的影响较小。纵筋屈服后，E 随钢纤维体积率、配箍率和轴压比的提高而增大，表明适当提高钢纤维体积率、配箍率和轴压比有利于增强梁柱节点的耗能

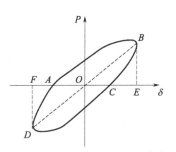

图 2-63　能量耗散系数计算[27]

能力。与混凝土强度等级为 CF60 的梁柱节点试件 BCJ2-0 相比，混凝土强度等级为 CF80 的试件在加载至峰值荷载前的 E 较大，最终破坏时 E 较小，表明随混凝土强度的提高其脆性增大，梁柱节点破坏阶段的耗能能力较低。与梁柱节点试件 BCJ4-1 相比，钢纤维掺入梁端长度增加的梁柱节点试件 BCJ2-0 和 BCJ4-2 的 E 增大，掺入梁端长度更大的梁柱节点试件 BCJ4-2 加载后期的耗能能力较梁柱节点试件 BCJ2-0 小，表明钢纤维掺入梁端长度增大可提高梁柱节点的耗能能力，但合适的范围尚需进一步研究。梁柱节点试件破坏时的能量耗散系数 E 见表 2-6。破坏时，钢筋钢纤维高强混凝土梁柱节点能量耗散系数的平均值为 1.271，而钢筋混凝土梁柱节点能量耗散系数约为 0.657，说明钢筋钢纤维高强混凝土梁柱节点具有较高的耗能

能力。典型梁柱节点试件各滞回环耗能 E_0 随位移级别的变化见图 2-65。可见，随位移级别的增加，梁柱节点试件的 E_0 近似阶梯式增长；相同加载位移级别下，E_0 随循环次数的增大有所减小。

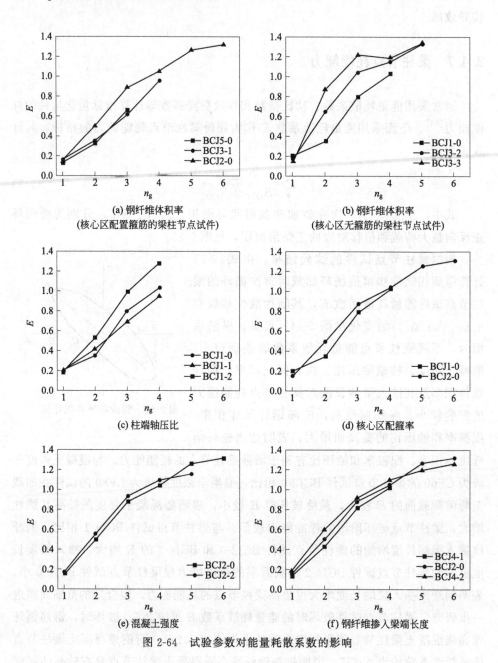

图 2-64　试验参数对能量耗散系数的影响

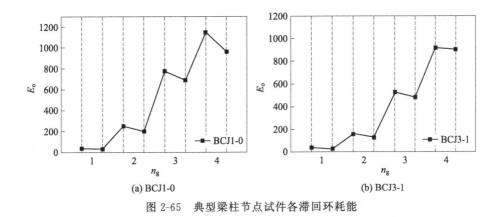

(a) BCJ1-0　　　　　　　　　　　　(b) BCJ3-1

图 2-65　典型梁柱节点试件各滞回环耗能

2.4.8　梁柱节点承载力退化

承载力退化指循环加载时位移幅值不变，结构或构件的承载力随循环次数增加而减小的性能[99]。通常采用承载力退化系数 λ 作为评价指标，其计算式可表示为：

$$\lambda_i = \frac{P_{i,j}}{P_{i,1}} \tag{2-8}$$

式中，λ_i 为第 i 级位移幅值加载时的承载力退化系数；$P_{i,1}$ 和 $P_{i,j}$ 分别为第 i 级位移幅值下首次循环和第 j 次循环加载时的峰值荷载，其值取正反向加载时峰值荷载的平均值。

根据梁柱节点试件的试验结果，由式(2-8) 计算得到梁柱节点试件的承载力退化系数 λ，其随加载位移级别 n_g 的变化见图 2-66。由图 2-66 可知，加载初期，梁柱节点试件承载力退化均不明显；随位移幅值增加，梁柱节点试件承载力退化逐渐明显；加载后期，随钢纤维体积率、节点核心区配箍率和柱端轴压比的增大，梁柱节点试件承载力退化有减缓的趋势。由图 2-66 中的钢筋钢纤维高强混凝土梁柱节点试件承载力退化曲线拟合得到的斜率 k_λ 的平均值为 -0.0213，较钢筋混凝土梁柱节点试件减少了 38.4%。混凝土强度等级为 CF80 的梁柱节点试件 BCJ2-2 破坏阶段承载力的退化较快，拟合其承载力退化曲线得到的斜率 k_λ 较混凝土强度等级为 CF60 的梁柱节点试件 BCJ2-0 增加了 22.8%。与钢纤维掺入梁端长度为 50mm 的梁柱节点试件 BCJ4-1 相比，钢纤维掺入梁端长度较大的梁柱节点试件 BCJ2-0 和 BCJ4-2 的承载力退化较缓，钢纤维掺入梁端长度为 250mm 的梁柱节点试件 BCJ4-2 破坏阶段承载力的退化曲线较梁柱节点试件

BCJ2-0 陡。

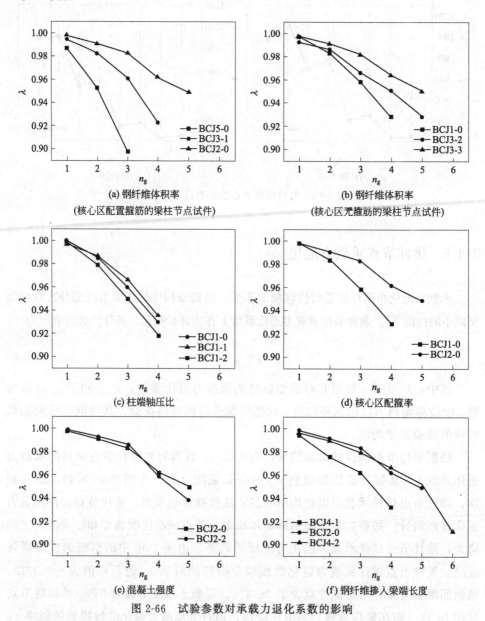

图 2-66　试验参数对承载力退化系数的影响

2.4.9　梁柱节点刚度退化

文献［99］认为，结构或构件的刚度退化可表征为：随循环次数增加，荷载不变而位移增加，或位移幅值不变而刚度降低等。下面采用环线刚度 k 作为刚度退化的量化指标，其计算式为：

$$k_i = \frac{\sum\limits_{j=1}^{n_k} P_{i,j}}{\sum\limits_{j=1}^{n_k} \Delta_{i,j}} \qquad (2-9)$$

式中，k_i 为第 i 级位移幅值加载时的环线刚度；$P_{i,j}$、$\Delta_{i,j}$ 分别为第 i 级荷载幅值下第 j 次加载时的峰值荷载和位移，其值分别取正反向峰值荷载和位移的平均值；n_k 为第 i 级加载幅值下的循环次数。根据梁柱节点试件的试验结果，由式(2-9)计算得到梁柱节点试件承载力退化系数 k，其随加载位移级别 n_g 的变化见图 2-67。

由图 2-67 可知，随位移增加，梁柱节点试件刚度的退化逐渐明显；加载后期随钢纤维体积率、节点核心区配箍率和柱端轴压比的增大，梁柱节点试件刚度

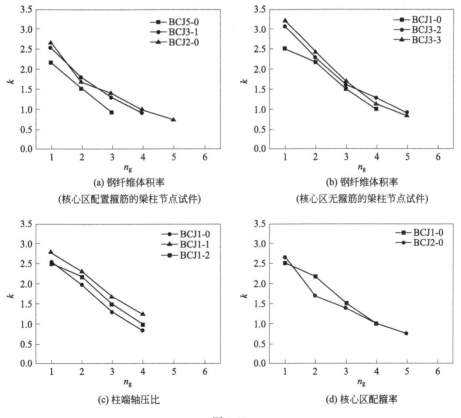

(a) 钢纤维体积率
(核心区配置箍筋的梁柱节点试件)

(b) 钢纤维体积率
(核心区无箍筋的梁柱节点试件)

(c) 柱端轴压比

(d) 核心区配箍率

图 2-67

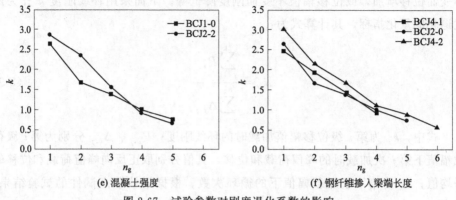

(e) 混凝土强度　　　　　　　　(f) 钢纤维掺入梁端长度

图 2-67　试验参数对刚度退化系数的影响

退化有减缓的趋势。由图 2-67 中的钢筋钢纤维高强混凝土梁柱节点试件刚度退化曲线拟合得到的斜率 k_k 的平均值为 -0.0535，较钢筋混凝土梁柱节点试件减少了 12.7%。混凝土强度等级为 CF80 的梁柱节点试件 BCJ2-2 刚度退化曲线较陡，拟合其刚度退化曲线得到的斜率 k_k 与混凝土强度等级为 CF60 的梁柱节点试件 BCJ2-0 相比，增加了 30.6%。与钢纤维掺入梁端长度为 50mm 的梁柱节点试件 BCJ4-1 相比，钢纤维掺入梁端长度较大的梁柱节点试件 BCJ2-0 和 BCJ4-2 的刚度退化较缓，钢纤维掺入梁端长度为 250mm 的梁柱节点试件 BCJ4-2 在破坏阶段的刚度退化曲线较试件 BCJ2-0 陡。

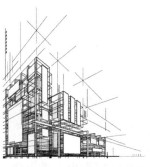

3

钢筋钢纤维高强混凝土梁柱
节点受剪承载力计算

3.1 引言

钢纤维加入混凝土中能改善混凝土裂缝处的应力集中，限制混凝土裂缝发展，降低钢筋钢纤维混凝土构件裂缝处钢筋的应力，改善混凝土裂后的抗拉性能，从而提高钢筋钢纤维混凝土构件受剪性能。因此，将钢纤维混凝土应用于梁柱节点可减少受剪钢筋数量，并能提高其受剪性能。迄今为止，国内外学者[7,49-51,54,59]对钢筋钢纤维混凝土梁柱节点和钢筋高强混凝土梁柱节点的研究已取得一些成果，但主要集中在节点抗震性能，对其受剪性能研究相对较少，提出的受剪承载力计算公式需要进一步完善，对钢筋钢纤维高强混凝土梁柱节点受力机理及承载力计算的研究更是缺乏。本章以钢筋钢纤维高强混凝土梁柱节点的低周反复加载试验为基础，研究梁柱节点受力特点及破坏机理，分析柱端轴压比、节点核心区配箍率、钢纤维体积率和混凝土强度等对梁柱节点受剪承载力的影响，分别基于统计分析方法和软化拉压杆模型、修正压力场理论以及混凝土八面体强度模型等钢筋混凝土构件抗剪的基本理论，提出钢筋钢纤维高强混凝土梁柱节点受剪承载力计算方法。

3.2 梁柱节点的破坏特征及受剪机理

试验表明，随梁柱节点核心区配箍率和钢纤维体积率的变化，梁柱节点主要呈现核心区剪切破坏和梁端弯曲破坏。梁柱节点核心区配箍率或钢纤维体积率较小的试件发生核心区剪切破坏，核心区配箍率及钢纤维体积率较大的梁柱节点试件发生梁端弯曲破坏，其破坏过程及特征见第 2 章。本章研究的梁柱节点受剪承载力指梁柱节点核心区的受剪承载力，下面结合核心区剪切破坏试件的试验结果分析钢筋钢纤维高强混凝土梁柱节点受剪性能。

梁柱节点核心区存在压、弯和剪的共同作用，受力状态十分复杂，见图 3-1 (a)。其中，V_b、V_b'、V_c 及 V_c' 分别为梁端和柱端剪力，C_{bc}、C_{bc}'、T_{bc} 及 T_{bc}' 分别为梁端混凝土压力和拉力，C_{cc}、C_{cc}'、T_{cc} 及 T_{cc}' 分别为柱端混凝土压力和拉力，C_{bs}、C_{bs}'、T_{bs} 及 T_{bs}' 分别为梁端受压和受拉区钢筋压力及拉力，C_{cs}、C_{cs}'、T_{cs} 及 T_{cs}' 分别为柱端受压和受拉区钢筋压力及拉力。混凝土压力 C_{bc}、C_{bc}'、C_{cc}、C_{cc}' 及钢筋压力 C_{bs}、C_{bs}'、C_{cs}、C_{cs}' 传递到梁柱节点核心区混凝土，形成斜压杆，见图 3-1(b)。混凝土拉力 T_{bc}、T_{bc}'、T_{cc}、T_{cc}' 及钢筋拉力 T_{bs}、T_{bs}'、T_{cs}、T_{cs}' 通过黏结力传递到梁柱节点核心区混凝土，形成斜向拉力，见图 3-1(c)。加载初期，箍筋的作用较小，梁柱节点剪力主要由核心区钢纤维高强混凝土斜压杆承担。当斜向拉力大于钢纤维高强混凝土抗拉强度时，即出现初始斜裂缝。由于钢纤维高强混凝土抗拉强度较高，提高了梁柱节点的初裂强度，使初始裂缝出现较晚。随着荷载幅值和循环次数增加，混凝土软化及裂缝分割效应加剧，引起斜压杆作用逐渐减弱，梁柱节点的剪力主要由核心区桁架机构承担，其中，斜向拉力主要由箍筋、垂直钢筋及钢纤维承担，斜向压力主要由斜压杆承担。加载后期，斜向压力主要由裂缝之间混凝土摩阻力以及钢筋和钢纤维的销键作用承担。最终，随斜裂缝不断扩展，箍筋屈服，钢纤维与混凝土黏结破坏被拔出，混凝土压碎，导致梁柱节点破坏。与钢筋混凝土梁柱节点和钢筋高强混凝土梁柱节点相比，钢筋钢纤维高强混凝土梁柱节点的梁纵筋具有更好的黏结锚固性能，钢筋与钢纤维混凝土之间黏结力较大可有效传递剪力，使桁架机构的抗

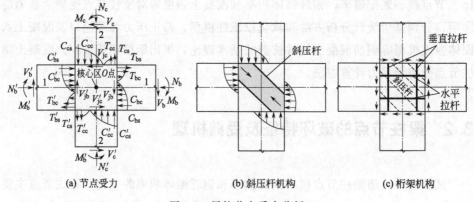

(a) 节点受力   (b) 斜压杆机构   (c) 桁架机构

图 3-1 梁柱节点受力分析

剪作用充分发挥，因此钢筋钢纤维高强混凝土梁柱节点的受力机理为斜压杆-桁架机构的综合作用。

3.3 梁柱节点受剪承载力影响因素

影响梁柱节点核心区受剪承载力的因素较多，主要有钢纤维体积率、节点核心区配箍率、混凝土强度、柱端轴压比、梁纵筋黏结锚固性能、梁柱节点类型和加载方式等。下面结合本书及文献［54］中发生核心区剪切破坏的梁柱节点试件的试验结果，重点讨论钢纤维体积率、梁柱节点核心区配箍率和柱端轴压比的影响，见图 3-2。其中，文献［54］梁柱节点试件编号中，括号内第 1 个数字表示节点核心区钢纤维体积率，第 2 个数字表示节点核心区配箍率。为便于分析对比，通过计算式 $V_j/(f_c b_j h_j)$ 对试验数据进行无量纲化处理。其中，V_j 为梁柱节点核心区剪力，参照文献［49］计算；b_j、h_j 分别为梁柱节点截面的宽度和高度；f_c 为混凝土轴心抗压强度。

（1）钢纤维体积率

图 3-2(a)、（b）分别为钢纤维体积率对高强混凝土梁柱节点和普通强度等级混凝土梁柱节点受剪承载力的影响，从图可以看出梁柱节点核心区受剪承载力随钢纤维体积率的增加而提高。这主要是由于钢纤维的双重作用，一方面类似分散配筋直接承担剪力，另一方面提高混凝土强度以及限制其横向变形，使节点斜压杆强度和截面宽度增大，从而提高节点抗剪能力。同等条件下与文献［54］普通强度等级混凝土相比，钢纤维对高强混凝土梁柱节点受剪承载力的影响较大。

（2）柱端轴压比

随柱端轴压比在一定范围内提高，梁柱节点核心区受剪承载力有增大趋势，见图 3-2(c)。相同条件下，与柱端轴压比为 0.2 的梁柱节点试件 BCJ1-1 相比，柱端轴压比为 0.4 的梁柱节点试件 BCJ1-2 的受剪承载力提高了 8.9%。试验表明，柱端轴压力对混凝土能起到约束作用，减小核心区斜裂缝扩展及剪切变形，进而增强混凝土斜压杆的作用，提高梁柱节点核心区受剪承载力。但是，过大的轴压比也会降低梁柱节点的受剪承载力[7]。由于试验资料较少，适用于钢筋钢纤维高强混凝土梁柱节点的轴压力合适范围尚需进一步研究。通过对文献［21］梁柱节点试验结果拟合得到的普通混凝土梁柱节点和高强混凝土梁柱节点相对受剪承载力与轴压比关系曲线的斜率分别为 0.263 和 0.0625，本书试验结果拟合得到的钢筋钢纤维高强混凝土梁柱节点相对受剪承载力与轴压比关系曲线的斜率

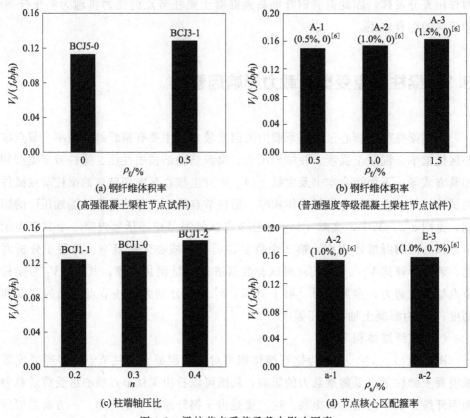

图 3-2　梁柱节点受剪承载力影响因素

为 0.105，介于普通混凝土梁柱节点和高强混凝土梁柱节点两者之间，表明轴压力对钢筋钢纤维高强混凝土梁柱节点受剪承载力影响大于高强混凝土梁柱节点。柱端轴压力对高强混凝土梁柱节点影响相对较小的原因主要是高强混凝土脆性大，轴压力易造成混凝土开裂，使受剪承载力降低；另外，混凝土开裂后，高强混凝土裂缝面光滑的特性限制了轴压力对裂缝处混凝土之间咬合力的提高，而钢纤维能够明显增强高强混凝土抗裂强度和裂后咬合力，使轴压力对钢筋钢纤维高强混凝土梁柱节点的影响相对较大。

（3）节点核心区配箍率

试验表明，箍筋增强了对梁柱节点核心区混凝土的约束，同时还承担部分剪力，使梁柱节点核心区受剪承载力随配箍率的增加而提高，见图 3-2(d)。从第 2 章中图 2-54～图 2-60 梁柱节点试件核心区箍筋应变随荷载变化的曲线可以看到，箍筋应变与梁柱节点核心区混凝土变形和钢纤维体积率等有关。核心区混凝土开裂前，箍筋应变较小，开裂后，箍筋应变快速增长。破坏时，梁柱节点试件

BCJ5-0、BCJ3-1 的箍筋屈服，钢纤维体积率较大的梁柱节点试件 BCJ2-0 的箍筋并未达到屈服。因此，在计算钢筋钢纤维高强混凝土梁柱节点核心区受剪承载力时应予以考虑。

3.4 钢筋钢纤维高强混凝土梁柱节点受剪承载力计算方法

3.4.1 基于统计分析的梁柱节点受剪承载力计算

由于梁柱节点核心区受力状态及机理较为复杂，为便于与钢筋混凝土梁柱节点受剪承载力计算公式相衔接，钢筋钢纤维高强混凝土梁柱节点受剪承载力的计算模型见图 3-3，其表达式为：

$$V_j = V_c + V_s + V_f \tag{3-1}$$

式中，V_c、V_s 和 V_f 分别为混凝土、箍筋和钢纤维的受剪承载力。

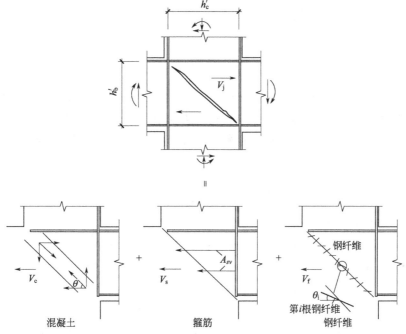

图 3-3　梁柱节点受剪承载力简化计算模型

（1）混凝土受剪承载力 V_c

根据斜压杆机构，V_c 可表示为：

$$V_c = f_c A_c \cos\theta \tag{3-2}$$

式中，A_c 为斜压杆有效横截面面积；θ 为斜压杆倾角，取 $\theta = \arctan(h'_b /$ $h'_c)$；其中，h'_b、h'_c 分别为梁、柱最外侧钢筋间的距离。A_c 可表示为：

$$A_c = a_s b_s \tag{3-3}$$

式中，b_s 为斜压杆截面宽度，近似取节点截面宽度 b_j；a_s 为斜压杆截面高度，$a_s = \sqrt{a_b^2 + a_c^2}$；其中，$a_b$、$a_c$ 分别为梁、柱端截面受压区高度。参照文献 [14]，a_s 的计算公式为：

$$a_s = \alpha_1 \left(1 + \xi_1 \frac{N}{f_c b_c h_c}\right) h_j \tag{3-4}$$

式中，N 为柱端轴压力；b_c、h_c 为柱端截面尺寸；h_j 为节点截面高度；α_1、ξ_1 为影响系数。交替拉压作用下，斜压杆机构会出现软化现象，引入软化系数 λ_{str}。联立式(3-2)～式(3-4) 可得：

$$V_c = \lambda_{str} f_c \alpha_1 \left(1 + \xi_1 \frac{N}{f_c b_c h_c}\right) h_j b_j \cos[\arctan(h'_b / h'_c)] \tag{3-5}$$

(2) 箍筋受剪承载力 V_s

参考钢筋混凝土梁柱节点受剪承载力计算公式，箍筋受剪承载力 V_s 可表示为：

$$V_s = f_{yv} \frac{A_{sv}}{s}(h_0 - a'_s) \tag{3-6}$$

式中，f_{yv} 为箍筋抗拉强度；A_{sv} 为配置在同一截面内箍筋全截面面积；s 为箍筋间距；h_0 为节点截面有效高度；a'_s 为纵向钢筋合力点至混凝土边缘距离。

试验表明，节点破坏时核心区箍筋并未全部屈服，因此引入系数 ξ_6 考虑箍筋屈服不均匀的影响，即：

$$V_s = \xi_6 f_{yv} \frac{A_{sv}}{s}(h_0 - a'_s) \tag{3-7}$$

(3) 钢纤维受剪承载力 V_f

目前钢纤维混凝土构件受剪承载力研究中，钢纤维受剪承载力计算主要有两种方式：一种是将钢纤维混凝土作为复合材料，其作用体现在提高混凝土基体抗剪强度中；另一种是将钢纤维当作分散配筋单独计算。下面依据两种方式，分别建立计算公式。

① 钢纤维混凝土作为复合材料　研究表明，钢纤维对构件抗剪强度增强与对混凝土基体抗拉强度增强成正比[100]。因此，钢纤维受剪承载力可表示为：

$$V_f = V_c \alpha_{f1} \frac{f_{ft}}{f_t} \tag{3-8}$$

式中，α_{f1} 为比例系数；f_t 为混凝土基体抗拉强度；f_{ft} 为钢纤维高强混凝土抗拉强度。其关系式为：

$$f_{ft} = f_t(1 + \beta_f \lambda_f) \tag{3-9}$$

式中，β_f 为钢纤维对混凝土抗拉强度的增强系数；λ_f 为钢纤维含量特征值，$\lambda_f = \rho_f (l_f/d_f)$；$\rho_f$ 为钢纤维体积率；l_f/d_f 为钢纤维长径比。

将式(3-9)代入式(3-8)，得：

$$V_f = \alpha_{f1} V_c(1 + \beta_f \lambda_f) \tag{3-10}$$

将式(3-5)、式(3-7) 和式(3-10) 代入式(3-1)，进行整理并取 $\xi_2 = \dfrac{\alpha_{f1}\beta_f}{1+\alpha_{f1}}$，$\xi_3 = \lambda_{str}\alpha_1 \cos[\arctan(h_b'/h_c')](1 + \alpha_{f1})$，可得到钢筋钢纤维高强混凝土梁柱节点受剪承载力计算公式为：

$$V_j = \xi_3\left(1 + \xi_1\frac{N}{f_c b_c h_c}\right)(1 + \xi_2\lambda_f)f_c h_j b_j + \xi_6 f_{yv}\frac{A_{sv}}{s}(h_0 - a_s') \tag{3-11}$$

② 钢纤维作为分散配筋　试验表明，节点破坏时斜裂缝处钢纤维是被拔出而非被拉断，其受剪承载力取决于与混凝土的黏结强度。因此，钢纤维受剪承载力可表示为：

$$V_f = \sum_{i=1}^{n_f} \pi d \tau_{fi} l_i \cos\theta_i \tag{3-12}$$

式中，n_f 为斜裂缝面钢纤维总数；d 为钢纤维直径；τ_{fi} 为斜裂缝处第 i 根钢纤维黏结应力；θ_i 为第 i 根钢纤维与水平面的夹角；l_i 为第 i 根钢纤维锚固长度，取 $l_i = l_f/\alpha_{2i}$；l_f 为钢纤维长度；α_{2i} 为钢纤维锚固长度系数。

斜裂缝处钢纤维总数 n_f 可表示为：

$$n_f = \frac{\alpha_3 \rho_f b_j h_j}{\pi d^2 \sin\theta_1} \tag{3-13}$$

式中，θ_1 为斜裂缝面与水平面的夹角；α_3 为钢纤维分布不均匀系数。

假定斜裂缝处每根钢纤维的 θ_i、τ_{fi} 和 l_i 均相同，可得：

$$V_f = \frac{\alpha_5 \alpha_3 \alpha_4 \cos\theta_2}{\alpha_2 \sin\theta_1}\tau_f \lambda_f b_j h_j \tag{3-14}$$

式中，α_2 为钢纤维锚固长度系数；α_4 为钢纤维方向系数；θ_2 为钢纤维与水平面夹角；α_5 为钢纤维有效系数；τ_f 为钢纤维黏结应力，可表示为 $\tau_f = \alpha_6 f_{ft}$；α_6 为黏结应力系数。

整理式(3-14)，并取 $\xi_4 = \dfrac{\alpha_6 \alpha_5 \alpha_3 \alpha_4 \cos\theta_2}{\alpha_2 \sin\theta_1}$，可得钢纤维受剪承载力 V_f 为：

$$V_f = \xi_4 f_{ft} \lambda_f b_j h_j \tag{3-15}$$

将式(3-5)、式(3-7)和式(3-15)代入式(3-1),并取 $\xi_5 = \lambda_{str} \alpha_1 \cos [\arctan (h'_b / h'_c)] (1 + \alpha_{fl})$,可得钢筋钢纤维高强混凝土梁柱节点受剪承载力计算公式为:

$$V_j = \xi_5 \left(1 + \xi_1 \frac{N}{f_c b_c h_c}\right) f_c h_j b_j + \xi_4 f_{ft} \lambda_f b_j h_j + \xi_6 f_{yv} \frac{A_{sv}}{s}(h_0 - a'_s) \tag{3-16}$$

试验表明[101],节点类型对梁柱节点受剪承载力有一定影响,边柱节点受剪承载力为中柱节点的 $80\% \sim 90\%$。这主要是由于中柱节点两侧均有框架梁,约束作用较强,同时中柱节点斜压杆截面宽度相对较大、角度相对较小。本书取 γ_1 为考虑节点类型影响的系数,根据对相关文献的分析,对中柱节点取 $\gamma_1 = 1.0$,对边柱节点取 $\gamma_1 = 0.9$。

本书收集整理了近年来国内外钢筋钢纤维混凝土梁柱节点抗震试验中与本书加载方式相同、破坏模式为节点核心区剪切破坏并且数据较为详细的共计 49 个试件[7,49-51,54,59,62,63,65,102,103] 的试验数据,见表 3-1。根据式(3-11)和式(3-16),利用 Origin9.0 软件对 49 个钢筋钢纤维混凝土梁柱节点受剪承载力试验结果进行统计分析,得到梁柱节点受剪承载力计算公式分别为:

$$V_j = \gamma_1 \left[0.10\left(1 + \frac{0.38N}{f_c b_c h_c}\right)(1 + 1.08\lambda_f) f_c h_j b_j + 0.96 f_{yv} \frac{A_{sv}}{s}(h_0 - a'_s)\right] \tag{3-17}$$

$$V_j = \gamma_1 \left[0.18\left(1 + \frac{0.39N}{f_c b_c h_c}\right) f_c h_j b_j + 0.31 f_{ft} \lambda_f b_j h_j + 0.90 f_{yv} \frac{A_{sv}}{s}(h_0 - a'_s)\right] \tag{3-18}$$

按式(3-17)和式(3-18)计算得到的受剪承载力计算值与试验实测值的对比见表 3-1,表中 V_j^t、V_j^c 分别为梁柱节点受剪承载力试验值和计算值,试验值取正反向加载的平均值。49 个钢筋钢纤维混凝土梁柱节点受剪承载力试验值与式(3-17)计算值之比的平均值为 0.999,均方差为 0.150,变异系数为 0.150;49 个钢筋钢纤维混凝土梁柱节点受剪承载力试验值与式(3-18)计算值之比的平均值为 1.004,均方差为 0.170,变异系数为 0.169,均符合较好。

3.4.2 基于软化拉压杆模型的梁柱节点受剪承载力计算

Hwang 和 Lee[31,104,105] 在拉压杆模型的基础上考虑混凝土受压软化特性,提出了软化拉压杆模型 (softened strut and tie model,SSTM),并在多种混凝

表3-1　梁柱节点受剪承载力试验值与计算值对比

试件编号	节点类型	f_{cu}/MPa	f'_c/MPa	截面几何尺寸/mm×mm		n	钢纤维		核心区箍筋		V_j^t/kN	V_j^c/kN		V_j^t/V_j^c	
				$b_c×h_c$	$b_b×h_b$		$\dfrac{l_f}{d_f}$	ρ_f/%	配筋	f_y/MPa		式(3-17)	式(3-18)	式(3-17)	式(3-18)
SF1[7]	边柱节点	21.3	—	250×350	200×350	0.32	66	1.20	0	0	325.2	278.7	279.4	1.167	1.164
SF-6[7]	中柱节点	18.2	—	250×350	200×350	0.25	54	1.50	0	0	340.9	294.9	293.6	1.156	1.161
SF-7[7]	中柱节点	18.2	—	250×350	200×350	0.25	54	1.50	3φ6	497	398.6	343.0	343.0	1.162	1.162
SF-8[7]	中柱节点	37.9	—	250×350	200×350	0.12	65	1.50	3φ6	497	456.6	579.4	492.6	0.788	0.927
SF-9[7]	中柱节点	18.2	—	250×350	200×350	0.25	54	1.50	0	0	339.5	294.7	301.8	1.152	1.125
J1-0.8[49]	边柱节点	33.8	—	250×300	200×400	0.22	75	0.80	0	0	335.1	284.9	297.9	1.176	1.125
J1-1.0[49]	边柱节点	28.1	—	250×300	200×400	0.40	75	1.00	0	0	343.8	276.8	276.4	1.242	1.244
J1-1.2[49]	边柱节点	35.0	—	250×300	200×400	0.27	75	1.20	0	0	365.4	359.6	339.0	1.016	1.078
J1-1.5[49]	边柱节点	30.4	—	250×300	200×400	0.22	75	1.50	0	0	375.6	344.3	315.9	1.091	1.189
J1-2.0[49]	边柱节点	37.5	—	250×300	200×400	0.2	75	2.00	0	0	395.8	499.1	420.2	0.793	0.942
J3-1[49]	边柱节点	31.6	—	250×300	200×400	0.31	75	0.80	4φ6.5	256	405.2	333.8	343.7	1.214	1.179
J3-2[49]	边柱节点	25.7	—	250×300	200×400	0.31	63	1.00	3φ8	261	371.8	296.0	299.1	1.256	1.243
J3-3[49]	中柱节点	31.5	—	250×300	200×400	0.28	63	1.00	3φ8	261	467.7	382.7	390.1	1.222	1.197
J3-4[49]	中柱节点	28.3	—	250×300	200×400	0.20	63	1.20	3φ10	293	456.0	422.6	415.3	1.079	1.098
S3[50]	边柱节点	—	45.0	350×350	350×450	0.10	60	1.00	0	0	617.1	454.8	489.4	1.357	1.261
S4[50]	边柱节点	—	43.0	350×350	350×450	0.10	100	1.60	0	0	720.0	719.3	659.3	1.001	1.092
S3[59]	中柱节点	—	46.0	400×400	400×500	0.10	100	1.60	2M10	400	1375.5	1238.1	1021.2	1.111	1.347

续表

试件编号	节点类型	f_{cu}/MPa	f'_c/MPa	截面几何尺寸/mm×mm		n	钢纤维		核心区箍筋		V_j^t/kN	V_j^c/kN		V_j^t/V_j^c	
				$b_c×h_c$	$b_b×h_b$		$\dfrac{l_f}{d_f}$	ρ_f/%	配筋	f_y/MPa		式(3-17)	式(3-18)	式(3-17)	式(3-18)
JE1[51]	边柱节点	—	38.0	200×300	250×380	0.02	61	2.00	0	0	275.3	256.8	230.4	1.072	1.195
JD1[51]	边柱节点	—	38.0	200×300	250×380	0.02	61	2.00	1Φ10	400	299.5	311.0	281.2	0.963	1.065
JC1[51]	边柱节点	—	20.0	200×300	250×380	0.04	61	2.00	2Φ10	400	299.5	310.0	295.7	0.966	1.013
JB1[51]	边柱节点	—	20.0	200×300	250×380	0.04	61	2.00	3Φ10	400	235.5	277.7	264.0	0.848	0.892
A-1[54]	边柱节点	31.0	—	200×250	180×300	0.20	80	0.50	0	0	186.4	177.5	189.4	1.050	0.984
A-2[54]	边柱节点	33.3	—	200×250	180×300	0.20	80	1.00	0	0	189.5	177.1	160.5	1.070	1.181
A-3[54]	边柱节点	28.0	—	200×250	180×300	0.20	80	1.50	0	0	198.8	185.4	168.3	1.072	1.181
E-1[54]	边柱节点	31.0	—	200×250	180×300	0.20	80	0.50	2Φ8	258	186.4	193.6	215.0	0.963	0.867
E-2[54]	边柱节点	24.7	—	200×250	180×300	0.20	80	0.75	2Φ8	258	183.5	203.4	184.8	0.902	0.993
E-3[54]	边柱节点	33.3	—	200×250	180×300	0.20	80	1.00	2Φ8	258	202.2	221.7	183.2	0.912	1.104
E-4[54]	边柱节点	25.1	—	200×250	180×300	0.20	80	1.25	2Φ8	258	189.4	198.3	214.7	0.955	0.882
S-1[62]	边柱节点	33.6	—	200×250	180×300	0.20	75	0.50	2Φ6	170	209.2	208.4	218.4	1.004	0.958
S-2[62]	边柱节点	34.8	—	200×250	180×300	0.20	75	0.75	2Φ6	170	198.7	209.2	208.5	0.950	0.953
S-3[62]	边柱节点	40.9	—	200×250	180×300	0.20	75	1.00	2Φ6	170	224.5	262.9	260.7	0.854	0.861
S-4[62]	边柱节点	43.6	—	200×250	180×300	0.20	75	1.25	2Φ6	170	218.3	184.2	216.1	1.185	1.010
S-5[62]	边柱节点	37.6	—	200×250	180×300	0.20	75	1.50	2Φ6	170	221.7	230.2	249.1	0.963	0.890
SF-1[63]	中柱节点	62.2	—	250×350	200×350	0.15	52	1.50	2Φ8	318	1002.1	1194.4	1187.3	0.839	0.844

续表

试件编号	节点类型	f_{cu}/MPa	f_c'/MPa	截面几何尺寸 /mm×mm		钢纤维			核心区箍筋		V_j^t /kN	V_j^c/kN		V_j^t/V_j^c	
				$b_c×h_c$	$b_b×h_b$	n	$\dfrac{l_f}{d_f}$	ρ_f/%	配筋	f_y/MPa		式(3-17)	式(3-18)	式(3-17)	式(3-18)
SF-2[63]	中柱节点	62.2	—	250×350	200×350	0.15	52	1.50	4Φ8	318	1387.5	1266.0	1221.9	0.859	0.890
SF-3[63]	中柱节点	62.2	—	250×350	200×350	0.15	52	1.50	2Φ8	318	1155.4	1264.1	1208.6	0.914	0.956
S5[65]	中柱节点	—	28.0	85×110	125×200	0	60	2.00	0	0	33.2	33.2			
S6[65]	中柱节点	—	28.0	85×110	125×200	0	60	2.00	0	0	34.1	33.3			
B-1[102]	边柱节点	70.2	—	200×250	150×250	0.30	40	0.50	2Φ8	313	324.0	362.4	442.6	0.894	0.732
C-1[102]	边柱节点	64.4	—	200×200	150×250	0.20	40	1.00	0	0	361.9	321.7	358.0	1.125	1.011
C-2[102]	边柱节点	65.2	—	200×200	150×250	0.40	40	1.00	0	0	356.5	348.5	386.2	1.023	0.923
F1HPr[103]	边柱节点	—	77.7	150×200	150×200	0.01	66	0.25	1Φ6	400	105.3	132.5	166.1	0.795	0.634
F2HPr[103]	边柱节点	—	79.0	150×200	150×200	0.01	66	0.50	1Φ6	400	109.3	152.9	172.9	0.715	0.632
F3HPr[103]	边柱节点	—	79.2	150×200	150×200	0.01	66	0.75	1Φ6	400	121.5	162.7	168.8	0.747	0.720
F4HPr[103]	边柱节点	—	81.0	150×200	150×200	0.01	66	1.00	1Φ6	400	133.6	176.3	169.5	0.758	0.788
BCJ3-1	中柱节点	82.1	—	200×200	150×250	0.30	65	0.50	2Φ8	307	328.1	367.4	427.2	0.893	0.768
BCJ1-0	中柱节点	81.7	—	200×200	150×250	0.30	65	1.00	0	0	348.4	395.0	407.5	0.882	0.855
BCJ1-1	中柱节点	79.1	—	200×200	150×250	0.20	65	1.00	0	0	330.9	373.1	387.0	0.887	0.855
BCJ1-2	中柱节点	78.1	—	200×200	150×250	0.40	65	1.00	0	0	360.5	401.4	414.4	0.898	0.870

土构件受剪分析中检验了其适用性。本节基于软化拉压杆模型，根据钢筋钢纤维高强混凝土梁柱节点受力特点，将混凝土中乱向分布的钢纤维等效为水平和垂直微小配筋，建立钢筋钢纤维高强混凝土梁柱节点受剪承载力计算模型。梁柱节点的软化拉压杆模型由斜压杆以及水平和竖向抗力机构组成，见图 3-4。其中，混凝土形成斜压杆，箍筋和钢纤维形成水平拉杆，垂直钢筋和钢纤维形成竖向拉杆。

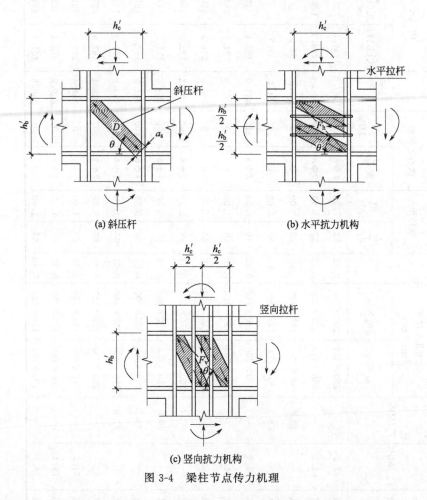

图 3-4　梁柱节点传力机理

图 3-4(a) 所示的斜压杆机构是倾角为 θ 的钢纤维高强混凝土斜压杆。参考第 3.4.1 节混凝土受剪承载力计算公式，斜压杆的倾角 θ 和有效面积 A_{str} 分别表示为：

$$\theta = \arctan \frac{h'_b}{h'_c} \tag{3-19}$$

$$A_{str} = a_s b_s \quad (3-20)$$

试验表明，钢纤维混凝土斜压杆传力过程中存在压应力扩散现象。为简化计算，斜压杆有效面积取为：

$$A_{str} = \frac{k_{str} b_s h_c}{\cos\theta} \quad (3-21)$$

式中，k_{str} 为斜压杆有效面积综合影响系数。利用梁柱节点核心区混凝土抗剪能力计算方法[46]对本书及文献［54，63］试验结果的分析表明，斜压杆有效面积综合影响系数 k_{str} 与柱端轴压比 n、钢纤维含量特征值 λ_f 及核心区配箍特征值 λ_s 存在一定关系，见图 3-5。

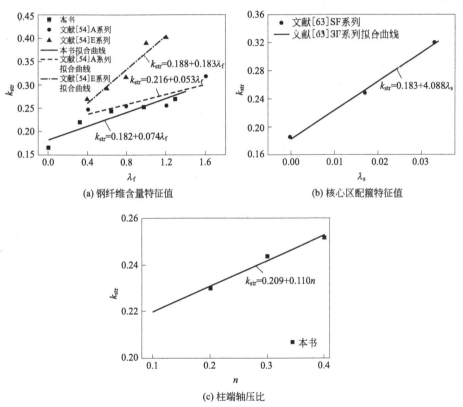

(a) 钢纤维含量特征值

(b) 核心区配箍特征值

(c) 柱端轴压比

图 3-5 斜压杆有效面积影响因素

对本书及文献［54，63，102］共 21 个试件的试验结果进行多元线性拟合，得到 k_{str} 的关系式为：

$$k_{str} = 0.168(1 + 0.263n)(1 + 0.492\lambda_f)(1 + 6.054\lambda_s) \quad (3-22)$$

试验值与式(3-22)计算值之比的平均值为 0.997，标准差为 0.067，变异系数为 0.067。

图 3-4(b) 的水平抗力机构由一个水平拉杆和两个平缓压杆组成。钢纤维提高了混凝土抗拉强度，使钢筋钢纤维高强混凝土梁柱节点受力性能与钢筋混凝土梁柱节点有所不同，其水平拉杆由核心区箍筋和钢纤维两部分组成，即：

$$F_h = F_{f,h} + F_{s,h} \quad\quad (3\text{-}23)$$

式中，F_h 为水平拉杆拉力；$F_{f,h}$ 为水平钢纤维拉杆拉力，$F_{f,h} = A_{f,h} f_f$；$A_{f,h}$ 为水平钢纤维拉杆横截面的面积；f_f 为钢纤维抗拉强度；$F_{s,h}$ 为箍筋拉杆拉力，$F_{s,h} = A_{s,h} f_{s,h}$；$A_{s,h}$ 为箍筋拉杆横截面的面积；$f_{s,h}$ 为箍筋抗拉强度。试验表明，梁柱节点破坏时核心区箍筋并未全部屈服，因此引入箍筋抗剪有效系数 η_s 考虑箍筋不均匀屈服的影响，即 $F_{s,h} = \eta_s A_{s,h} f_{s,h}$，根据对文献 [7,46,107] 试验结果的分析，取 $\eta_s = 0.85$。

由于钢纤维在混凝土中呈三维随机乱向分布，为简化计算，将裂缝处乱向分布钢纤维等效为数量相等的水平和垂直微小配筋，见图 3-6。因此，水平钢纤维拉杆横截面面积 $A_{f,h}$ 可表示为：

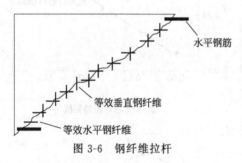

图 3-6 钢纤维拉杆

$$A_{f,h} = n_f A_f \quad\quad (3\text{-}24)$$

式中，A_f 为单根钢纤维横截面面积；n_f 为等效钢纤维的数量，$n_f = \eta_f \rho_f \dfrac{b_j h_j}{\cos\theta} \times \dfrac{1}{A_f}$；其中，$\eta_f$ 为等效系数，参照文献 [108]，可近似取为 0.41。

由式(3-24) 可得：

$$A_{f,h} = 0.41\rho_f \frac{b_j h_j}{\cos\theta} \quad\quad (3\text{-}25)$$

图 3-4(c) 的竖向抗力机构由一个竖向拉杆和两个陡峭压杆组成。竖向拉杆由柱构造纵筋和钢纤维两部分组成，其拉力的计算与水平拉杆相同，可参照式(3-23) 进行。

(1) 力平衡方程

梁柱节点软化拉压杆模型的内力见图 3-7。

由力的平衡，得到节点水平剪力 $V_{j,h}$ 和竖向剪力 $V_{j,v}$ 的计算公式为：

$$V_{j,h} = -D\cos\theta + F_v\cot\theta + F_h$$
$$V_{j,v} = -D\sin\theta + F_h\tan\theta + F_v \quad\quad (3\text{-}26)$$

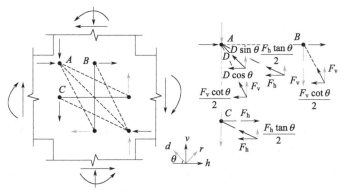

图 3-7　节点拉压杆模型的内力

式中，D 为钢纤维混凝土斜压杆压力；F_h 为水平拉杆拉力；F_v 为竖向拉杆拉力。

节点核心区剪力按一定比例分配给三种抗力机构，其比例关系为[31]：

$$D\cos\theta : F_h : F_v\cot\theta = R_d : R_h : R_v \tag{3-27}$$

由式（3-26）和式（3-27），可得：

$$D = \frac{-1}{\cos\theta} \times \left(\frac{R_d}{R_d + R_h + R_v}\right) \times V_{j,h}$$

$$F_h = \left(\frac{R_h}{R_d + R_h + R_v}\right) \times V_{j,h} \tag{3-28}$$

$$F_v = \frac{-1}{\cot\theta} \times \left(\frac{R_v}{R_d + R_h + R_v}\right) \times V_{j,h}$$

式中，R_d、R_h、R_v 分别为斜压杆、水平和竖向抗力机构承担剪力的比值，

$R_d = \dfrac{(1-\gamma_h)(1-\gamma_v)}{1-\gamma_h\gamma_v}$，$R_h = \dfrac{\gamma_h(1-\gamma_v)}{1-\gamma_h\gamma_v}$，$R_v = \dfrac{\gamma_v(1-\gamma_h)}{1-\gamma_h\gamma_v}$[31]；其中，$\gamma_h$、$\gamma_v$

分别为水平拉杆拉力与节点水平剪力、竖向拉杆拉力与节点竖向剪力的比值，

$\gamma_h = \dfrac{2\tan\theta - 1}{3}$，$\gamma_v = \dfrac{2\cot\theta - 1}{3}$。

抗力机构中斜向压杆、平缓压杆和陡峭压杆共同引起的节点核心区最大压应力 $\sigma_{d,\max}$ 可表示为：

$$-\sigma_{d,\max} = \frac{1}{A_{str}}\left[-D + \frac{F_h}{\cos\theta}\left(1 - \frac{\sin^2\theta}{2}\right) + \frac{F_v}{\sin\theta}\left(1 - \frac{\cos^2\theta}{2}\right)\right] \tag{3-29}$$

（2）本构关系

开裂钢纤维混凝土受压应力-应变关系式可表示为[109]：

$$\sigma_d = \begin{cases} \lambda_1 f'_c \left[2\left(\dfrac{\varepsilon_d}{\lambda_1 \varepsilon_0}\right) - \left(\dfrac{\varepsilon_d}{\lambda_1 \varepsilon_0}\right)^2 \right] & |\varepsilon_d| \leqslant |\lambda_1 \varepsilon_0| \\[4mm] \lambda_1 f'_c \left[1 - \left(\dfrac{\dfrac{\varepsilon_d}{\varepsilon_0} - \lambda_1}{2 - \dfrac{1}{\lambda_1}}\right)^2 \right] & |\varepsilon_d| > |\lambda_1 \varepsilon_0| \end{cases} \tag{3-30}$$

式中，σ_d 为受压应力；ε_0 为钢纤维混凝土峰值应变；f'_c 为钢纤维混凝土圆柱体抗压强度；λ_1 为钢纤维混凝土软化系数，文献 [106，110] 研究表明，普通强度等级钢纤维混凝土和钢纤维高强混凝土的 λ_1 并不完全相同，因此本书分别取 $\lambda_2 = 1.0/\sqrt{1+400\varepsilon_r}$[31]，$\lambda_3 = 1.0/\sqrt{1+600\varepsilon_r}$[106]，其中，$\lambda_2$、$\lambda_3$ 分别为普通强度等级钢纤维混凝土和钢纤维高强混凝土的软化系数；ε_r 为主拉应力对应的应变；ε_d 为主压应力对应的应变。

钢筋应力-应变关系可表示为：

$$\begin{aligned} f_s &= E_s \varepsilon_s \quad & \varepsilon_s < \varepsilon_y \\ f_s &= f_y \quad & \varepsilon_s \geqslant \varepsilon_y \end{aligned} \tag{3-31}$$

式中，E_s 为钢筋弹性模量；f_s、ε_s 分别为钢筋应力和应变；f_y 为钢筋屈服强度；ε_y 为屈服应变。

钢纤维应力-应变关系可表示为：

$$f_f = E_f \varepsilon_f \tag{3-32}$$

式中，E_f 为钢纤维弹性模量，取为 $2 \times 10^5 \text{MPa}$；ε_f 为钢纤维应变。

由于钢纤维抗拉强度较高，一般可达到 $1000 \sim 2000\text{MPa}$，节点破坏时钢纤维通常是被拔出而非被拉断，其抗剪作用取决于与混凝土的黏结强度。因此，f_f 应当满足下列关系式：

$$A_f f_f \leqslant \lambda_d A_{spf} \tau_{f,\max} \tag{3-33}$$

式中，$\tau_{f,\max}$ 为钢纤维与混凝土最大黏结强度，$\tau_{f,\max} = 2.5 f_{ct}$[111]；$f_{ct}$ 为混凝土的抗拉强度；λ_d 为钢纤维类型影响因素，长直形、波浪形、弯钩形钢纤维分别取 0.5、0.75、1.0[112]；A_{spf} 为钢纤维表面积，$A_{spf} = \pi d_f l_{fo}$；其中，d_f 为钢纤维直径；l_{fo} 为钢纤维有效锚固长度，$l_{fo} = l_f/4$。

由式(3-33) 可得：

$$f_f \leqslant \lambda_d \left(\frac{l_f}{d_f}\right) \tau_{f,\max} \tag{3-34}$$

(3) 变形协调方程

根据应变协调条件可得：

$$\varepsilon_r + \varepsilon_d = \varepsilon_h + \varepsilon_v \tag{3-35}$$

式中，ε_h、ε_v 分别为水平和竖直方向的平均应变。

（4）求解过程

将上述力平衡方程、变形协调方程和本构关系联立求解，其求解流程见图 3-8。主要计算步骤如下：

① 假定剪力 $V_{j,h}$ 的值，利用平衡方程式（3-26）~式（3-29），计算 D、F_h、F_v 和 $\sigma_{d,max}$；

② 利用式（3-31）、式（3-32），计算 ε_h、ε_v；

③ 选择 ε_d，利用式（3-30）、式（3-35），计算 ε_r、λ_1 及 ε_d 对应的压应力 σ_d；

④ 如果步骤①得到的 $\sigma_{d,max}$ 小于步骤③得到的 σ_d，增大 $V_{j,h}$ 的值，从步骤

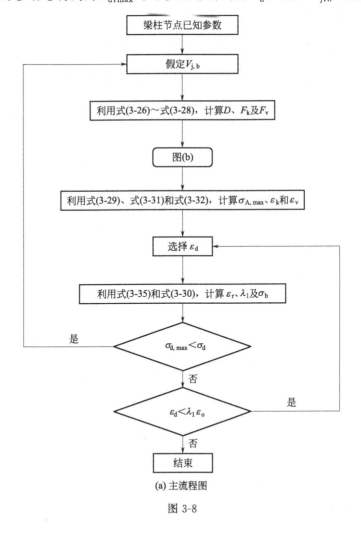

(a) 主流程图

图 3-8

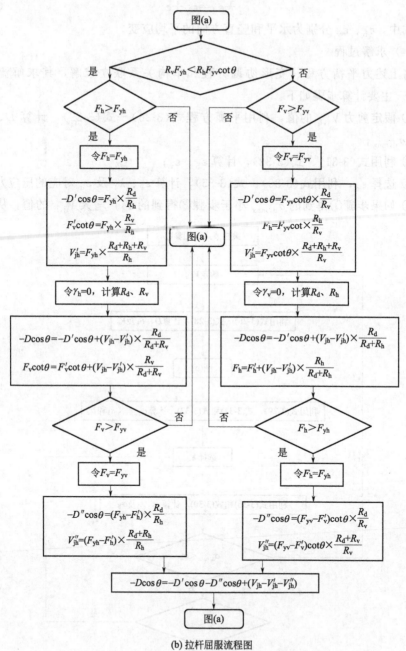

(b) 拉杆屈服流程图

图 3-8　梁柱节点受剪承载力计算流程图

①开始继续计算，否则从步骤②继续计算，直到 $\sigma_{d,\max}$ 与 σ_d 的误差在允许范围内时，计算停止。

上述计算过程中，由式(3-26)～式(3-29)得到 D、F_h、F_v 后，首先由公式 $R_v F_{yh} < R_h F_{yv} \cot\theta$ 判断水平拉杆是否屈服。若水平拉杆先屈服，则令 $F_h = F_{yh}$、$\gamma_h = 0$，参照文献 [31]，对三种抗力机构进行剪力重分配，得到 F_v；此时若竖向拉杆屈服，则令 $F_v = F_{yv}$，再次进行剪力重分配，得到 D、F_h、F_v，见图 3-8(b)，之后从步骤②开始继续计算。

按上述梁柱节点软化拉压杆计算模型对表 3-1 中有代表性的 24 个钢筋钢纤维混凝土梁柱节点进行计算对比，结果见表 3-2。试验实测值与理论计算值之比的平均值为 0.993，均方差为 0.092，变异系数为 0.092，吻合较好。

3.4.3 基于修正压力场理论的梁柱节点受剪承载力计算

在混凝土构件受剪性能理论分析方面，加拿大学者 Vecchio 和 Collins[113,114] 在压力场理论的基础上考虑开裂后混凝土受剪特性，引入裂后混凝土受拉本构关系、裂缝间及裂缝面应力平衡条件，提出了修正压力场理论 (modified compression field theory，MCFT)，并在混凝土构件受剪分析中验证了其适用性，已为国外多部规范[3,115] 采用。与普通混凝土相比，钢纤维混凝土开裂后受拉应力-应变曲线的峰点应力和应变明显提高，曲线下降段渐趋抬高和平缓[98]，因此，MCFT 理论应用于钢纤维混凝土构件受剪性能的理论分析值得深入探讨。本节基于 MCFT 理论，根据钢纤维混凝土受力特性，将混凝土裂缝处乱向分布的钢纤维受剪作用等效为钢纤维有效拉应力 (σ_{sfe})，建立钢筋钢纤维高强混凝土梁柱节点受剪性能的计算模型，并提出钢筋钢纤维高强混凝土梁柱节点受剪承载力简化计算公式。

3.4.3.1 基于 MCFT 理论的梁柱节点受剪性能计算模型

（1）力平衡方程

图 3-9(a) 和 (b) 分别为梁柱节点开裂后混凝土单元的平均应力莫尔圆和平均应变莫尔圆。由图 3-9(a) 可得：

$$f_{c2} = (\tan\theta + \cot\theta)\nu - f_{c1} \tag{3-36}$$

式中，f_{c1}、f_{c2}、ν 分别为混凝土平均主拉应力、主压应力及剪应力；θ 为裂缝倾角，为简化计算，假定裂缝倾角与主压应力及应变方向一致。

梁柱节点核心区沿柱筋方向截面①—①的应力分析见图 3-10。由图 3-10 箍筋方向（即 x 方向）力的平衡可得：

$$\rho_{sx} f_{sx} + f_{c1} \sin^2\theta - f_{c2} \cos^2\theta + \sigma_{sf} \sin^2\theta = 0 \tag{3-37}$$

式中，ρ_{sx}、f_{sx} 分别为 x 方向箍筋的配筋率及应力；σ_{sf} 为裂缝面上单位面积钢纤维的拉应力。

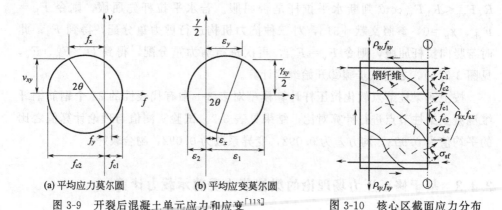

(a) 平均应力莫尔圆   (b) 平均应变莫尔圆

图 3-9　开裂后混凝土单元应力和应变[113]　　　图 3-10　核心区截面应力分布

由图 3-11 可知，裂缝面单位面积钢纤维拉应力 σ_{sf} 可表示为：

$$\sigma_{sf} = \sum_{i}^{n_w} A_{sfi} f_{sfi} \sin\theta_i \tag{3-38}$$

式中，A_{sfi}、f_{sfi}、θ_i 分别为第 i 根钢纤维的横截面面积、拉应力以及与裂缝面夹角；n_w 为单位面积内钢纤维有效数量，可取 $n_w = k_n \rho_f / A_f$；ρ_f 为钢纤维体积率；A_f 为钢纤维横截面面积，如假定钢纤维的横截面面积相同，则 $A_f = A_{fi}$；k_n 为钢纤维单位面积分布系数，$k_n = \left(\int_0^{\pi/2} \int_0^{\pi/2} l_f \cos\alpha_{1f} \cos\alpha_{2f} \mathrm{d}\alpha_{1f} \mathrm{d}\alpha_{2f} \right) / (\pi^2 l_f / 4)$[108]；$l_f$ 为钢纤维长度；α_{1f}、α_{2f} 分别为钢纤维与 x—y 面和 x—z 面的夹角。

试验表明，梁柱节点破坏时每根钢纤维的拉应力 f_{fi} 并非均达到其抗拉强度。因此，由式(3-38)计算裂缝面单位面积的钢纤维拉应力 σ_{sf} 较为复杂。为简化计算，本书基于文献［116］研究成果，将混凝土中乱向分布钢纤维的抗剪作用等效为与混凝土黏结应力有关的有效拉应力 σ_{sfe}，见图 3-11。σ_{sfe} 计算式为：

$$\sigma_{sf} = \sigma_{sfe} = k_{sf} \tau_f \rho_f \frac{l_f}{d_f} \tag{3-39}$$

式中，τ_f 为钢纤维与混凝土之间的黏结应力，$\tau_f = 2.5 f_{ct}$；k_{sf} 为钢纤维有效分布系数，取为 $k_{sf} = \dfrac{\tan^{-1} (3.5 w / d_{sf})}{\pi} \left(1 - \dfrac{2w}{l_{sf}} \right)^2$[116]；$w$ 为裂缝宽度，$w = \varepsilon_1 s_\theta$；$\varepsilon_1$ 为混凝土平均主拉应力对应的应变；s_θ 为钢纤维高强混凝土梁柱节点核心区裂缝平均间距，$s_\theta = \dfrac{1}{\dfrac{\sin\theta}{s_{mx}} + \dfrac{\cos\theta}{s_{my}}}$[27]；$s_{mx}$、$s_{my}$ 为 x 和 y 方向的裂缝平均间距，其取值参照文献［113］；d_{sf} 为钢纤维直径；l_{sf} 为钢纤维长度。

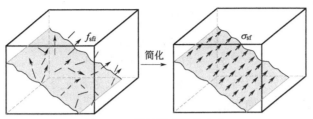

图 3-11　钢纤维有效拉应力

将式(3-36) 代入式(3-37)，可得：

$$\nu\cot\theta = \rho_{sx}f_{sx} + f_{c1} + \sigma_{sf}\sin^2\theta \tag{3-40}$$

同理，由图 3-10 柱筋方向（即 y 轴方向）力的平衡可得：

$$\rho_{sy}f_{sy} + \sigma_{sf}\cos^2\theta + f_{c1} - \nu\tan\theta - \sigma_n = 0 \tag{3-41}$$

式中，ρ_{sy}、f_{sy} 分别为 y 方向钢筋的配筋率及应力；σ_n 为柱端轴压力产生的轴压应力，取为 $\sigma_n = nf_c$；n 为梁柱节点轴压比；f_c 为混凝土轴心抗压强度。试验表明，轴压力对梁柱节点核心区混凝土能起到约束作用，减少裂缝扩张及剪切变形，从而提高梁柱节点受剪承载力。但是过高的轴压力会引起微裂缝，降低梁柱节点的受剪承载力。目前，国内外关于轴压力的合适范围尚无统一认识。参考文献［7,117］，当梁柱节点轴压比 $n \geqslant 0.5$ 时，取 $n = 0.5$。

（2）本构关系

开裂混凝土的受压应力-应变关系可表示为[113]：

$$f_{c2} = f_{c2,\max}\left[\frac{2\varepsilon_2}{\varepsilon_0} - \left(\frac{\varepsilon_2}{\varepsilon_0}\right)^2\right] \tag{3-42}$$

式中，$f_{c2,\max}$ 为混凝土最大平均主压应力，取 $f_{c2,\max} = f_c'/(0.8 - 0.34\varepsilon_1/\varepsilon_0) \leqslant 1$；$f_c'$ 为钢纤维混凝土圆柱体抗压强度；ε_0 为钢纤维混凝土峰值应变；ε_2、ε_1 分别为与主压应力和主拉应力对应的应变。

开裂混凝土的受拉应力-应变关系可表示为[113]：

$$f_{c1} = \begin{cases} E_c\varepsilon_1 & \varepsilon_1 \leqslant \varepsilon_{cr} \\[2mm] \dfrac{0.33\sqrt{f_c'}}{1 + \sqrt{500\varepsilon_1}} & \varepsilon_1 > \varepsilon_{cr} \end{cases} \tag{3-43}$$

式中，E_c 为钢纤维混凝土弹性模量；ε_{cr} 为混凝土开裂应变，$\varepsilon_{cr} = 0.33\sqrt{f_c'}/E_c$。钢筋的应力-应变关系参照式(3-31)，即：

$$f_s = E_s\varepsilon_s \leqslant f_y \tag{3-44}$$

（3）变形协调方程

由图 3-9(b) 所示梁柱节点开裂后混凝土单元的平均主应变莫尔圆可得：

$$\varepsilon_x = \varepsilon_1 \cos^2\theta + \varepsilon_2 \sin^2\theta \tag{3-45}$$

$$\varepsilon_y = \varepsilon_1 \sin^2\theta + \varepsilon_2 \cos^2\theta \tag{3-46}$$

$$\gamma_{xy} = 2(\varepsilon_1 - \varepsilon_2)\sin\theta\cos\theta \tag{3-47}$$

式中，ε_x、ε_y 分别为 x 和 y 方向应变；γ_{xy} 为剪应变。

（4）裂缝处及裂缝间力的平衡方程

钢筋钢纤维混凝土梁柱节点核心区裂缝处及裂缝间应力分布见图 3-12。由于裂缝处压应力 f_{ci} 较小，为简化计算忽略其影响。分别由 x、y 方向力的平衡可得：

$$\rho_{sx} f_{sx} \sin\theta + f_{c1}\sin\theta = \rho_{sx} f_{sxcr}\sin\theta + \sigma_{sf}\sin\theta - \nu_{ci}\cos\theta \tag{3-48}$$

$$\rho_{sy} f_{sy} \cos\theta + f_{c1}\cos\theta = \rho_{sy} f_{sycr}\cos\theta + \sigma_{sf}\cos\theta + \nu_{ci}\sin\theta \tag{3-49}$$

式中，f_{sxcr}、f_{sycr} 分别为裂缝处 x 和 y 方向的钢筋应力；ν_{ci} 为裂缝处混凝土剪应力，$\nu_{ci} = 0.18\sqrt{f_c'}\Big/\Big(0.3 + \dfrac{24w}{d_g + 16}\Big)^{[113]}$；$d_g$ 为骨料的最大粒径。

当裂缝处钢筋屈服时，分别由式（3-48）、式（3-49），可得 f_{c1} 的控制条件：

$$f_{c1} \leqslant \rho_{sx}(f_{sxy} - f_{sx}) - \nu_{ci}\cot\theta + \sigma_{sf} \tag{3-50}$$

$$f_{c1} \leqslant \rho_{sy}(f_{syy} - f_{sy}) + \nu_{ci}\tan\theta + \sigma_{sf} \tag{3-51}$$

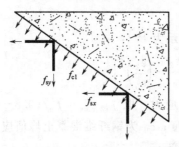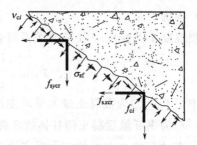

图 3-12　裂缝处及裂缝间应力分布

（5）梁柱节点受剪性能求解过程

将上述力平衡方程、变形协调方程、本构关系和控制条件联立求解，即可分析梁柱节点核心区的受剪性能，其求解流程见图 3-13，主要计算步骤如下：

① 根据梁柱节点配筋确定裂缝间距 s_{mx}、s_{my}；

② 选择混凝土主拉应变 ε_1；

③ 假定裂缝倾角 θ；

④ 假定箍筋应力 f_{sx0}；

⑤ 计算裂缝处剪应力 ν_{ci}；

⑥ 由式（3-43）计算混凝土受拉应力 f_{c1}，同时，f_{c1} 应满足式（3-50）和

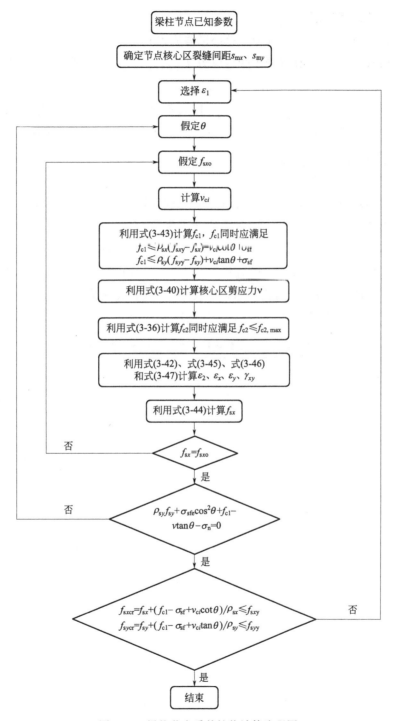

图 3-13 梁柱节点受剪性能计算流程图

式（3-51）的控制条件；

⑦ 由式（3-40）计算梁柱节点核心区剪应力 ν；

⑧ 由式（3-36）计算混凝土受压应力 f_{c2}，同时，f_{c2} 应满足 $f_{c2} \leqslant f_{c2,\max}$；

⑨ 由式（3-42）、式（3-45）、式（3-46）和式（3-47）计算 ε_2、ε_x、ε_y 和 γ_{xy}；

⑩ 假定钢筋与混凝土黏结良好，即箍筋应变 $\varepsilon_{sx} = \varepsilon_x$，由式（3-44）计算 f_{sx}，将 f_{sx} 与第④步假定的 f_{sx0} 比较，如果 $f_{sx} = f_{sx0}$，继续计算，否则返回第④步调整 f_{sx0}，直至 $f_{sx} = f_{sx0}$；

⑪ 由式（3-44）计算 f_{sy}；

⑫ 验算式（3-41）是否成立，若成立，继续计算，否则返回第②步重新假定 θ；

⑬ 由式（3-48）、式（3-49）计算裂缝处钢筋应力 f_{sxcr}、f_{sycr}，判断 f_{sxcr}、f_{sycr} 是否小于其屈服强度，若小于则终止计算，否则返回第②步重新选择 ε_1。

按上述计算模型对表 3-1 中有代表性的 24 个钢筋钢纤维混凝土梁柱节点进行计算并与试验结果进行对比，结果见表 3-2。试验实测值与理论计算值之比的平均值为 1.048，均方差为 0.044，变异系数为 0.041，吻合较好。

表 3-2　梁柱节点受剪承载力计算结果与试验结果对比

试件编号	V_j^t/kN	式（3-26）V_j^c/kN	式（3-40）V_j^c/kN	式（3-26）V_j^t/V_j^c	式（3-40）V_j^t/V_j^c
E-1[6]	186.4	211.6	178.6	0.881	1.044
S-3[21]	617.1	596.3	609.2	1.035	1.013
J1-0.8[49]	335.1	330.5	320.7	1.014	1.045
J1-1.0[49]	343.8	338.5	330.6	1.016	1.040
J1-1.2[49]	365.4	354.1	347.1	1.032	1.053
J1-1.5[49]	375.6	364.6	354.8	1.030	1.059
A-1[54]	186.4	142.9	160.3	1.304	1.163
A-2[54]	189.5	184.2	182.9	1.029	1.036
A-3[54]	198.8	218.7	189.4	0.909	1.050
A-4[54]	248.6	248.7	227.8	1.000	1.091
E-2[54]	183.5	194.2	162.5	0.945	1.129
E-3[54]	202.2	243.3	192.1	0.831	1.053
E-4[54]	189.3	226.9	180.5	0.834	1.049
SF-2[63]	1087.5	1014.3	980.1	1.072	1.110
SF-3[63]	1155.4	1164.2	1159.7	0.992	0.996
B-3[102]	243.4	240.5	237.4	1.012	1.025

续表

试件编号	V_j^t/kN	式(3-26) V_j^c/kN	式(3-40) V_j^c/kN	式(3-26) V_j^t/V_j^c	式(3-40) V_j^t/V_j^c
F1HPr[103]	105.3	108.4	94.6	0.971	1.113
F2HPr[103]	109.3	115.2	107.2	0.949	1.020
F3HPr[103]	121.5	126.1	120.3	0.964	1.010
F4HPr[103]	133.6	142.3	134.6	0.939	0.993
BCJ1-0	348.3	336.7	339.6	1.034	1.026
BCJ1-1	330.8	330.7	322.5	1.000	1.026
BCJ1-2	360.5	345.9	351.6	1.042	1.025
BCJ3-1	328.1	331.4	330.3	0.990	0.993

3.4.3.2 基于 MCFT 理论的梁柱节点受剪承载力简化计算公式

根据式(3-40)，钢筋钢纤维高强混凝土梁柱节点受剪承载力 V_j 的计算公式为：

$$V_j = A_{sv}f_y \frac{h_0-a_s'}{s}\tan\theta + (f_{ct}+\sigma_{sf}\sin^2\theta)\tan\theta b_j h_j \tag{3-52}$$

为了考虑主要因素的影响，参照《混凝土结构设计规范》[93]，将式(3-52)中的箍筋抗剪部分进行简化，并将式(3-39)代入，可得：

$$V_j = \left(f_{ct}+k_{sf}\tau_f\rho_f\frac{l_f}{d_f}\sin^2\theta\right)\tan\theta b_j h_j + A_{sv}f_y\frac{h_0-a_s'}{s} \tag{3-53}$$

在式(3-53)中，τ_f 与混凝土抗拉强度以及钢纤维与混凝土界面黏结性能等相关，其计算公式取为：

$$\tau_f = k_\tau f_{ct} \tag{3-54}$$

式中，k_τ 为反映界面黏结性能的系数；f_{ct} 为混凝土的抗拉强度。

将式(3-54)代入式(3-53)，可得：

$$V_j = f_{ct}\left(1+k_{sf}k_\tau\rho_f\frac{l_f}{d_f}\sin^2\theta\right)\tan\theta b_j h_j + A_{sv}f_y\frac{h_0-a_s'}{s} \tag{3-55}$$

取 $\alpha_{fm}=k_{sf}k_\tau\sin^2\theta$、$f_{cv}=f_{ct}\tan\theta$，可得：

$$V_j = f_{cv}\left(1+\alpha_{fm}\rho_f\frac{l_f}{d_f}\right)b_j h_j + A_{sv}f_y\frac{h_0-a_s'}{s} \tag{3-56}$$

式中，f_{cv} 为混凝土抗剪承载力，参照文献[19]，取 $f_{cv}=0.1\left(1+\dfrac{N}{f_cb_ch_c}\right)$ $f_cb_jh_j$；α_{fm} 为钢纤维对钢筋钢纤维混凝土梁柱节点受剪承载力影响系数。根据对本书和文献[49-51,54,59,102]共 20 个钢筋钢纤维混凝土梁柱节点试件试验结果的回归分析，得到 $\alpha_{fm}=0.539$。

将有关系数的值和关系式代入式(3-56)，得到钢筋钢纤维混凝土梁柱节点受剪承载力简化计算公式为：

$$V_j=0.1\left(1+\frac{N}{f_cb_ch_c}\right)\left(1+0.539\rho_f\frac{l_f}{d_f}\right)f_cb_jh_j+A_{sv}f_y\frac{h_0-a'_s}{s} \tag{3-57}$$

在式中，当 $\rho_f=0$ 时，即为钢筋混凝土梁柱节点受剪承载力简化计算公式。

按简化计算公式(3-56)对文献［49-51,54,59,102］共 20 个梁柱节点试件进行计算，并与试验结果进行对比，试验值与理论值之比的平均值为 1.002，均方差为 0.129，变异系数为 0.129，二者符合较好。

3.4.4　基于混凝土八面体强度的梁柱节点受剪承载力计算

试验表明，与钢筋混凝土梁柱节点相似[9,41,42,45]，循环荷载作用下的钢筋钢纤维高强混凝土梁柱节点核心区中部首先出现裂缝，并且是梁柱节点破坏时受损最严重的位置。因此，可将图 3-1(a) 所示的梁柱节点核心区中部 O 点作为受剪承载力计算的关键点进行应力平衡分析，见图 3-14。其中，σ_x、σ_y 为混凝土在 x、y 方向的平均压应力，τ 为剪应力。

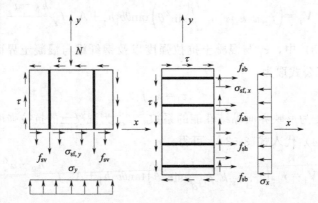

图 3-14　O 点处应力平衡

由图 3-14 力的平衡得到：

$$\sigma_x=-\frac{A_{sh}}{b_jh_b}f_{sh}-\frac{A_{sb}}{b_jh_b}f_{sb}-\sigma_{sf,x} \tag{3-58}$$

$$\sigma_y=-\frac{A_{sv}}{b_jh_c}f_{sv}-\frac{N}{b_ch_c}-\sigma_{sf,y} \tag{3-59}$$

式中，b_j 为梁柱节点有效宽度；h_b 为梁端截面高度；h_c 为柱端截面高度；b_c 为柱端截面宽度；N 为柱截面尺寸柱端轴压力；f_{sh}、f_{sb}、f_{sv} 和 A_{sh}、A_{sb}、A_{sv} 分别为梁柱节点核心区箍筋、梁纵筋以及竖向剪力筋的平均应力和面积；$\sigma_{sf,x}$、$\sigma_{sf,y}$ 分别为 x、y 方向的钢纤维应力。

试验表明，若梁柱节点核心区梁纵筋的锚固良好，在循环荷载作用下梁纵筋的应变就较小，见第 2.4.3 节。由于梁纵筋在钢纤维混凝土的黏结锚固性能更好，因此，可在式(3-58)中近似取 $f_{sb}=0$。

将混凝土中三维随机乱向分布的钢纤维作用简化为三维均匀分布的有效拉应力 σ_f，参照式(3-39)，并近似取 $k_{sf}=1/3$，可得：

$$\sigma_f = \sigma_{sf,x} = \sigma_{sf,y} = \sigma_{sf,z} = \frac{1}{3}\tau_f\rho_f\frac{l_f}{d_f} \tag{3-60}$$

式中，$\sigma_{sf,z}$ 为 z 方向的钢纤维应力。

若节点核心区配置封闭箍筋，核心区混凝土同时要受到箍筋在 z 方向的约束，则 z 方向混凝土的平均压应力 σ_z 为：

$$\sigma_z = -\rho_{s3}f_{s3} - \sigma_{sf,z} \tag{3-61}$$

式中，σ_z 为 z 方向混凝土的平均压应力；f_{s3} 为封闭箍筋的约束力；ρ_{s3} 为 z 方向的箍筋配筋率，取为 $\rho_{s3}=A_{sh}/(h_bh_c)$。

由于节点核心区混凝土受到三向应力的作用，节点核心区 O 点处混凝土在三向应力作用下的主应力 $\boldsymbol{\sigma}$ 可表示为：

$$\boldsymbol{\sigma} = \begin{bmatrix} \sigma_x & \tau & 0 \\ \tau & \sigma_y & 0 \\ 0 & 0 & \sigma_z \end{bmatrix} \tag{3-62}$$

式(3-62)的特征方程为：

$$\boldsymbol{\sigma}^3 - I_1\boldsymbol{\sigma}^2 - I_2\boldsymbol{\sigma} - I_3 = 0 \tag{3-63}$$

式中，I_1、I_2 和 I_3 分别为应力张量的第一、第二和第三不变量，其中，$I_1 = \sigma_x + \sigma_y + \sigma_z$，$I_2 = \sigma_x\sigma_y + \sigma_y\sigma_z + \sigma_x\sigma_z - \tau^2$，$I_3 = \sigma_x\sigma_y\sigma_z - \sigma_z\tau^2$。

在三向应力作用下，节点核心区混凝土的八面体正应力 σ_{oct} 和剪应力 τ_{oct} 分别为：

$$\sigma_{oct} = \frac{1}{3}(\sigma_1 + \sigma_2 + \sigma_3) \tag{3-64}$$

$$\tau_{oct} = \frac{1}{3}\sqrt{(\sigma_1 - \sigma_2)^2 + (\sigma_2 - \sigma_3)^2 + (\sigma_3 - \sigma_1)^2} \tag{3-65}$$

式中，σ_{oct} 为混凝土八面体正应力；τ_{oct} 为混凝土八面体剪应力；σ_1 为最大主应力；σ_2 为中间主应力；σ_3 为最小主应力。σ_1、σ_2 和 σ_3 由式(3-62)求得。

假定节点破坏时核心区钢筋已屈服，则取 $f_{sh}=f_{sh,y}$，$f_{sv}=f_{sv,y}$。其中，$f_{sh,y}$ 和 $f_{sv,y}$ 分别为箍筋及竖向剪力筋的屈服强度。根据式(3-58)～式(3-65)，对本书和文献 [7,47,49,51,55,63,103] 有关试验数据进行计算，得到梁柱节点破坏时核心区混凝土八面体正应力与剪应力之间的关系，见图 3-15，可见二者

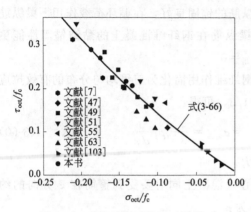

图 3-15　节点破坏时核心区混凝土
剪应力与正应力的关系

具有较好的相关性。其中，对文献 [7,47,49,51,55,63,103] 数据选择原则是：试验加载方式为低周反复加载，梁柱节点试件发生核心区剪切破坏，梁柱节点试件无直交梁影响；试验数据较为详细等。

根据图 3-15 梁柱节点破坏时核心区混凝土八面体正应力和剪应力之间的关系，参照 Bresker 和 Pister 提出的混凝土三参数模型[118]，钢筋钢纤维混凝土梁柱节点受剪破坏准则可表达为：

$$\frac{\tau_{oct}}{f_c}=a_{1o}\left(\frac{\sigma_{oct}}{f_c}\right)^2-b_{1o}\frac{\sigma_{oct}}{f_c}+c_{1o} \tag{3-66}$$

式中，a_{1o}、b_{1o} 和 c_{1o} 分别为参数。

根据式(3-66)的破坏准则，对收集到的共计 28 个梁柱节点试验数据[7,47,49,51,55,63,103] 进行统计分析，得到：

$$\frac{\tau_{oct}}{f_c}=1.9485\left(\frac{\sigma_{oct}}{f_c}\right)^2-\frac{1.1300\sigma_{oct}}{f_c}+0.0096 \tag{3-67}$$

当梁柱节点核心区混凝土八面体正应力和剪应力的关系达到钢筋钢纤维混凝土梁柱节点受剪破坏准则式(3-67)时，钢筋钢纤维高强混凝土梁柱节点受剪承载力 V_j 为：

$$V_j=\tau_u b_j h_j \tag{3-68}$$

式中，τ_u 为梁柱节点受剪破坏时的剪应力。

按上述计算模型对表 3-1 中 40 个钢筋钢纤维混凝土梁柱节点进行计算并与试验结果进行对比，结果见表 3-3。试验实测值与理论计算值之比的平均值为 0.977，均方差为 0.131，变异系数为 0.134，吻合较好。

按照式(3-68)对文献 [7,47,49-51,54,55,62,63,65,103] 和本书中不同钢纤维含量特征值、柱端轴压比、混凝土强度、核心区配箍和截面尺寸比，即 λ_f、n、f_c、$\rho_{sf}f_y$ 和 h_b/h_c 下的有关钢筋钢纤维混凝土梁柱节点试件受剪承载力进

行计算，并与试验结果对比，见图 3-16。由图可见，不同的 λ_f、n、f_c、$\rho_{sf}f_y$ 和 h_b/h_c 下，钢筋钢纤维混凝土梁柱节点受剪承载力试验值与模型计算值之比 V_j^t/V_j^c 的平均值基本为 1，说明 λ_f、n、f_c、$\rho_{sf}f_y$ 和 h_b/h_c 这些因素对 V_j^t/V_j^c 均无明显影响，钢筋钢纤维混凝土梁柱节点受剪承载力的主要影响因素 λ_f、n、f_c 和 $\rho_{sf}f_y$ 等在上述计算模型中得到了综合体现。

表 3-3　梁柱节点受剪承载力计算结果与试验结果对比

试件编号	试验值 V_j^t/kN	式(3-68) V_j^c/kN	$\dfrac{V_j^t}{V_j^c}$
J1-0.8[49]	335.1	328.7	1.019
J1-1.0[49]	343.8	361.6	0.951
J1-1.2[49]	365.4	380.5	0.960
J1-1.5[49]	375.6	397.6	0.945
J1-2.0[49]	395.8	407.4	0.971
J3-1[49]	405.2	350.6	1.156
J3-2[49]	371.8	333.7	1.114
J3-3[49]	467.7	386.2	1.211
J3-4[49]	456.0	366.9	1.243
SF-1[7]	325.2	317.4	1.025
SF-6[7]	340.9	336.2	1.014
SF-7[7]	398.6	410.8	0.970
JE1[51]	275.3	289.1	0.952
JD1[51]	299.5	320.7	0.934
JC1[51]	299.5	324.6	0.923
SF-1[63]	1002.1	876.7	1.143
SF-2[63]	1087.5	955.3	1.138
SF-3[63]	1155.4	1008.9	1.145
F1HPr[103]	105.3	143.6	0.733
F2HPr[103]	109.3	155.3	0.704
F3HPr[103]	121.5	189.2	0.642
F4HPr[103]	133.6	191.5	0.698
S3[50]	617.1	639.6	0.965
S4[50]	720.0	753.4	0.956
A-1[54]	186.4	179.9	1.036
A-2[54]	189.5	201.7	0.940
A-3[54]	198.8	211.4	0.940

续表

试件编号	试验值 V_j^t/kN	式(3-68) V_j^c/kN	$\dfrac{V_j^t}{V_j^c}$
E-1[54]	186.4	183.6	1.015
E-3[54]	202.2	215.8	0.937
S-1[62]	209.2	180.4	1.159
S-2[62]	198.7	203.5	0.976
S-3[62]	224.5	226.7	0.990
S-4[62]	218.3	231.1	0.944
S-5[62]	221.7	247.2	0.897
S5[65]	33.2	35.9	0.925
S6[65]	34.1	39.6	0.861
BCJ3-1	328.1	341.2	0.961
BCJ1-0	348.4	350.6	0.994
BCJ1-1	330.9	322.3	1.027
BCJ1-2	360.5	370.7	0.972

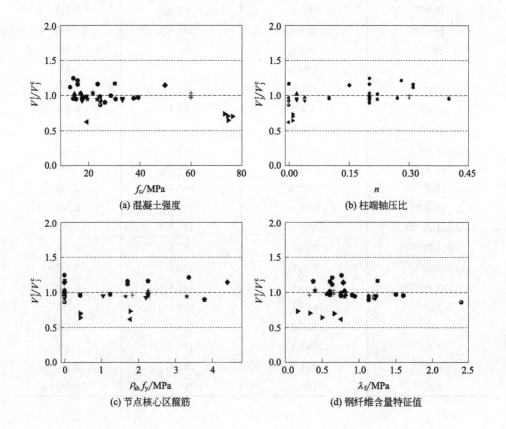

(a) 混凝土强度   (b) 柱端轴压比

(c) 节点核心区箍筋   (d) 钢纤维含量特征值

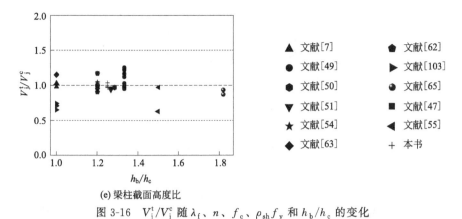

(e) 梁柱截面高度比

图 3-16　V_j^t/V_j^c 随 λ_f、n、f_c、$\rho_{sh}f_y$ 和 h_b/h_c 的变化

3.4.5　梁柱节点受剪承载力计算方法对比

国内外学者对钢筋钢纤维混凝土梁柱节点受剪承载力计算方法进行了相关的研究，取得了一些成果。其中，唐九如等[7]、郑七振等[61] 提出的梁柱节点受剪承载力计算方法适用范围较广，具有一定代表性。

在文献 [21] 中基于试验结果，将梁柱节点受剪承载力简化为混凝土、钢纤维和箍筋三者受剪作用之和，其表达式为：

$$V_j = 0.1\left(1 + \frac{N}{b_c h_c f_c}\right) f_c b_j h_j + \frac{2l_f}{d_f}\rho_f b_j h_j + f_y \frac{A_{sh}}{s}(h_0 - a_s') \tag{3-69}$$

文献 [61] 中提出了基于双剪压模型的梁柱节点受剪承载力计算方法，其表达式为：

$$V_j = \left(f_y \frac{2A_{sw}}{3s} + \alpha_{sfj}\eta_{fj}\frac{l_f}{d_f}\rho_f b_j\right)(h_b - 2a) + \left(0.07 + \frac{0.13\sigma_{cj}}{f_c}\right)f_c b_j h_j \tag{3-70}$$

式中，σ_{cj} 为混凝土剪压面上法向应力，取值参考文献 [61]；α_{sfj} 为钢纤维抗剪强度折减系数，节点核心区无箍筋时取 1.0，同时配置箍筋和钢纤维时取 0.6；η_{fj} 为钢纤维抗剪强度有效系数，取 $\eta_{fj}=1.07+0.017/\rho_f$；$A_{sw}$ 为箍筋截面面积；s 为箍筋间距；$h_b - 2a$ 为梁拉压钢筋之间的距离。

选取 15 个典型的钢筋钢纤维混凝土梁柱节点试件，分别由式(3-17)、式(3-18)、式(3-26)、式(3-39)、式(3-68)、式(3-69) 和式(3-70) 计算得到的受剪承载力试验值与计算值对比见图 3-17，图中 R_{avg}、R_{mse} 及 R_{cov} 分别表示梁柱节点受剪承载力试验值与计算值之比的平均值、均方差和变异系数，可以看到本书基于钢筋混凝土构件受剪基本理论建立的计算方法得到的计算结果与试验结果符合较好，离散性更小。

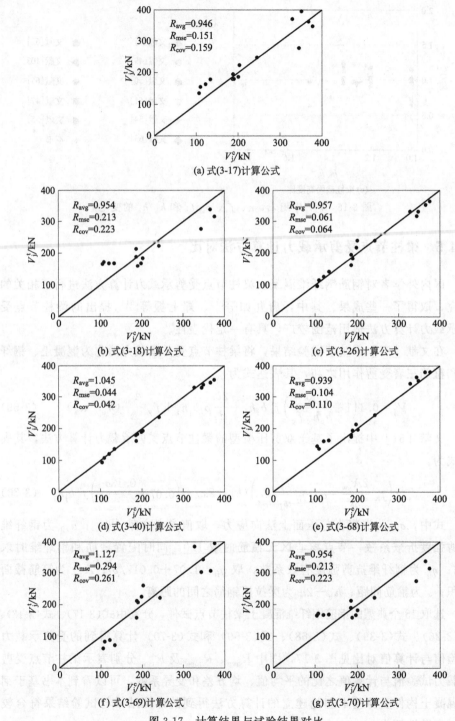

图 3-17　计算结果与试验结果对比

3.5 梁柱节点梁端受弯承载力计算方法

试验表明,随钢纤维体积率及其掺入梁端长度不同,梁端弯曲破坏的主裂缝距柱边距离略有不同但均在柱边附近。因此,将梁端受弯承载力计算截面取在柱边。钢纤维提高了混凝土抗拉强度,使钢筋钢纤维高强混凝土梁柱节点受力性能与普通混凝土梁柱节点有所不同,在计算时需要考虑受拉区混凝土抗拉能力。为简化计算,将钢纤维高强混凝土应力分布简化为等效矩形应力分布,梁柱节点梁端受弯承载力计算模型见图 3-18。

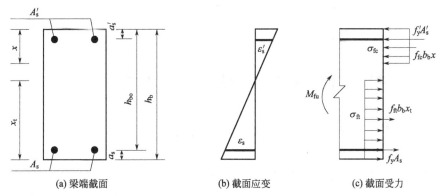

(a) 梁端截面   (b) 截面应变   (c) 截面受力

图 3-18 梁端截面受力分布简图

根据图 3-18 力的平衡条件可得:

$$f_{fc}b_bx = f_yA_s - f'_yA'_s + f_{ft}b_bx_t \tag{3-71}$$

$$M_{fu} = f_yA_s(h_{b0}-a_s) + f_{ft}b_bx_t\left(h_{b0}-\frac{x_t}{2}\right) - f_{fc}b_bx\left(\frac{x}{2}-a'_s\right) \tag{3-72}$$

式中, M_{fu} 为梁端正截面受弯承载力; h_{b0}、 b_b 为梁端截面有效高度和宽度; f_y、 f'_y 为纵向钢筋受拉、受压强度; A_s、 A'_s 为纵向受拉、受压钢筋截面面积; a_s、 a'_s 为受拉、受压钢筋合力点至受拉、受压边缘距离; f_{fc} 为钢纤维高强混凝土轴心抗压强度; f_{ft} 为钢纤维高强混凝土抗拉强度, $f_{ft}=f_t\beta_t\lambda_f$; f_t 为基体混凝土抗拉强度; β_t 为钢纤维对受拉区混凝土抗拉作用的影响系数,根据对本书及文献 [7,102] 试验结果的统计分析,取 $\beta_t=1.05$; x 为钢纤维高强混凝土受压区等效高度; x_t 为钢纤维高强混凝土受拉区等效高度,取 $x_t = h-1.25x$[4]。

联立方程式（3-71）和式（3-72），得到钢筋钢纤维高强混凝土梁柱节点梁端受弯承载力。为简化钢筋钢纤维高强混凝土梁柱节点梁端受弯承载力的计算方法，参考特殊节点形式的普通钢筋混凝土牛腿受弯承载力计算方法，梁柱节点梁端受弯承载力的简化计算公式取为：

$$M_{fu} = \zeta_1(f_y A_s + f'_y A'_s)h_{b0} + \zeta_2 f_{ft} b_b h^2_{b0} \tag{3-73}$$

式（3-73）中的 ζ_1、ζ_2 综合反映了钢筋钢纤维高强混凝土梁柱节点梁端受拉区、受压区等效高度、节点类型以及低周反复加载对梁端受弯承载力的影响。通过对本书及文献 [7,102] 试验数据的统计分析，得到 $\zeta_1 = 0.50$、$\zeta_2 = 0.44$，代入式（3-73）得：

$$M_{fu} = 0.50(f_y A_s + f'_y A'_s)h_{b0} + 0.44 f_{ft} b_b h^2_{b0} \tag{3-74}$$

本书及文献 [7,102] 的 8 个梁柱节点试件受弯承载力实测值与式（3-74）计算值之比的平均值为 0.993，均方差为 0.081，变异系数为 0.081，符合较好。

3.6 梁柱节点核心区抗裂承载力计算方法

3.6.1 梁柱节点核心区抗裂承载力影响因素

普通混凝土梁柱节点的研究表明，核心区抗裂承载力主要与混凝土抗拉强度和柱端轴压比等[119] 有关。本书结合试验结果分析不同设计参数对钢筋钢纤维高强混凝土梁柱节点核心区抗裂承载力的影响，见图 3-19。图中，$V_{j,cr}$ 为梁柱节点核心区抗裂承载力，参照文献 [49] 计算。

图 3-19(a)、(b) 分别为钢纤维体积率对核心区无箍筋的梁柱节点试件和配置箍筋的梁柱节点试件的影响，可以看出随钢纤维体积率增加，梁柱节点核心区抗裂承载力提高。与钢筋混凝土梁柱节点试件 BCJ5-0 相比，钢筋钢纤维高强混凝土梁柱节点试件的核心区抗裂承载力平均提高了 22.2%。这是由于钢纤维的阻裂作用在开裂混凝土内形成"桥架"，有效抑制了其内部微裂缝的发展，且钢纤维体积率增大，跨越微裂缝的钢纤维数量也随之增多。图 3-19(c) 为柱端轴压比对梁柱节点核心区抗裂承载力的影响，可以看出节点核心区抗裂承载力随轴压比增大而提高。与轴压比为 0.2 的梁柱节点试件 BCJ1-1 相比，轴压比为 0.4 的梁柱节点试件 BCJ1-2 的核心区抗裂承载力提高了 12.8%。这是由于柱端轴压比增加限制了核心区剪切变形，增强了斜压杆作用，这与钢筋混凝土梁柱节点试验结果相似[45]。但是，过大的轴压比易造成混凝土初始裂缝，影响核心区抗裂性

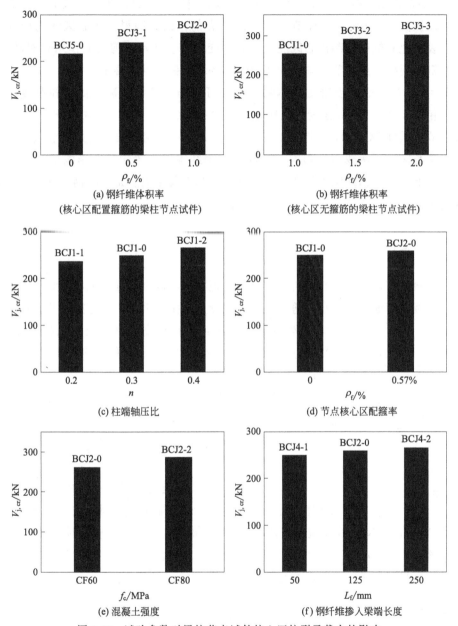

图 3-19　试验参数对梁柱节点试件核心区抗裂承载力的影响

能，轴压比合适的范围尚需进一步研究。图 3-19(d) 为配箍率对钢筋钢纤维高强混凝土梁柱节点试件核心区抗裂承载力的影响，可以看出随配箍率的增加，梁柱节点试件核心区的抗裂承载力略有提高但不明显。与核心区无箍筋梁柱节点试件 BCJ1-0 相比，核心区配箍率为 0.57% 的梁柱节点试件 BCJ2-0 核心区抗裂承载力仅提高了 4.0%。梁柱节点核心区开裂前，试验测得的核心区箍筋应变较小，表明此时箍筋限制核心区混凝土剪切变形和直接承担剪力的作用相对较小。这与钢筋混凝土梁柱节点试验和普通强度等级的钢纤维混凝土梁柱节点试验结论相似[120]。研究表明混凝土基体强度提高可增强钢纤维混凝土的抗拉强度，因此，相同条件下 CF80 强度等级梁柱节点试件 BCJ2-2 的核心区抗裂承载力高于梁柱节点试件 BCJ2-0，见图 3-19(e)。图 3-19(f) 为钢纤维掺入梁柱节点梁端长度对核心区抗裂承载力的影响，可以看出钢纤维掺入梁端长度影响的规律不明显。综上所述，钢纤维体积率、柱端轴压比和混凝土强度是影响钢筋钢纤维高强混凝土梁柱节点抗裂承载力的主要因素。

3.6.2　梁柱节点核心区抗裂承载力计算

试验表明，节点核心区斜裂缝首先出现在核心区中心处，之后向对角方向延伸，开裂时箍筋应力较小，剪力主要由混凝土承担。因此，假定梁柱节点核心区中心点处主拉应力达到钢纤维高强混凝土的抗拉强度时，梁柱节点开裂。图 3-20 为梁柱节点核心区中心点处应力分布。

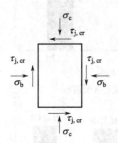

图 3-20　梁柱节点核心区中心点处应力分布

根据材料力学基本理论可得梁柱节点核心区中心点处混凝土主拉应力 σ_1 的计算式为：

$$\sigma_1 = \frac{\sigma_b + \sigma_c}{2} + \sqrt{\tau_{j,cr}^2 + \left(\frac{\sigma_b - \sigma_c}{2}\right)^2} \qquad (3-75)$$

式中，$\tau_{j,cr}$ 为核心区开裂时节点核心区中心点处的水平剪应力；σ_b、σ_c 分别为梁端和柱端轴压应力，$\sigma_c = N/(b_c h_c) = n f_c$；$N$ 为柱端施加的轴压力；n 为轴压比。梁无预应力时，取 $\sigma_b = 0$。

梁柱节点核心区开裂时，σ_1 等于钢纤维高强混凝土初裂抗拉强度，则钢筋钢纤维高强混凝土梁柱节点核心区抗裂承载力 $V_{j,cr}$ 计算式为：

$$V_{j,cr} = f_{ft,cr} b_j h_j \sqrt{1 + n \frac{f_c}{f_{ft,cr}}} \qquad (3-76)$$

式中，$f_{ft,cr}$ 为钢纤维高强混凝土抗拉初裂强度。钢纤维混凝土出现开裂后跨越裂缝的钢纤维通过黏结应力承担拉应力，因此其抗拉强度高于初裂强度[44]，取 $f_{ft,cr} = 0.87 f_{ft}$，f_{ft} 为钢纤维高强混凝土抗拉强度，$f_{ft} = f_t + \alpha_t \rho_f \dfrac{l_f}{d_f}$，$f_t$ 为混凝土抗拉强度，α_t 为钢纤维影响系数，与纤维类型有关，熔抽纤维取 1.25，圆直纤维取 0.625。

研究表明梁柱节点核心区剪应力分布不均匀以及弯矩的存在，使核心区混凝土并非完全处于剪切状态。并且，试验表明箍筋对梁柱节点核心区抗裂性能存在一定影响。因此，本书通过引入系数 α_{cr} 和 β_{cr} 考虑以上因素影响，对式(3-76)进行修正可得：

$$V_{j,cr} = \alpha_{cr}\beta_{cr}f_{ft}b_jh_j\sqrt{1+n\frac{f_c}{f_{ft}}} \tag{3-77}$$

式中，α_{cr} 为箍筋影响系数，根据本书和文献 [13] 同等条件下核心区配置箍筋与未配置箍筋梁柱节点试件初裂强度的对比分析，建议配置箍筋时 α_{cr} 取为 1.03，无箍筋时 α_{cr} 取为 1.0，β_{cr} 为剪应力分布影响系数，利用本书试验数据回归分析得到 $\beta_{cr}=0.360$。

图 3-21 为钢筋钢纤维高强混凝土梁柱节点试件根据式(3-77) 得到的核心区抗裂承载力试验值与计算值的对比。图中，$V_{j,cr}^t$ 和 $V_{j,cr}^c$ 为抗裂承载力试验实测值和计算值。试验值与计算值比值的平均值为 1.005，均方差为 0.050，变异系数为 0.050，吻合较好。

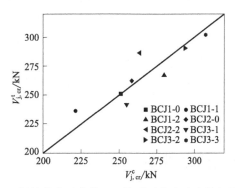

图 3-21 梁柱节点试件核心区抗裂承载力试验值与计算值

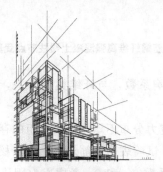

4

钢筋钢纤维高强混凝土梁柱
节点恢复力性能及计算方法

4.1 引言

恢复力计算是结构弹塑性时程分析的基础，一般包括骨架曲线和滞回规则，合理的恢复力性能计算模型应能真实反映结构或构件在地震作用下的实际受力情况。迄今为止，国内外学者对钢筋混凝土构件恢复力性能进行了较多研究，提出了一些计算模型[121,122]，但对于钢筋钢纤维高强混凝土梁柱节点恢复力性能的研究相对较少。本章以钢筋钢纤维高强混凝土梁柱节点循环加载试验为基础，研究柱端轴压比、节点核心区配箍率、钢纤维体积率和混凝土强度等对梁柱节点恢复力性能的影响，建立适用于钢筋钢纤维高强混凝土梁柱节点特性的恢复力性能计算方法。

4.2 梁柱节点恢复力性能

4.2.1 滞回曲线

荷载-位移滞回曲线可综合反映循环荷载下梁柱节点的承载力退化、刚度退化、耗能和延性等性能，是抗震性能研究的重要内容。实测各梁柱节点试件的梁端荷载-位移滞回曲线见图 4-1。由图可见以下几点。

① 加载初期，梁柱节点加卸载曲线基本重合，滞回曲线呈线性变化，无残余变形，梁柱节点处于弹性阶段；随加载位移幅值和循环次数的增加，其残余变形和滞回环面积增大，加卸载刚度退化明显，梁柱节点处于典型的非线性阶段；

峰值荷载后，梁柱节点的承载力逐渐降低，加卸载刚度进一步退化；由于累积损伤作用，同级位移幅值循环加载下随循环次数增加，梁柱节点的承载力较首次循环时出现退化现象。

② 与核心区箍筋较少的钢筋混凝土梁柱节点试件 BCJ5-0 相比，钢筋钢纤维高强混凝土梁柱节点的滞回环较饱满，循环次数和变形能力较大，具有较好的抗震性能。

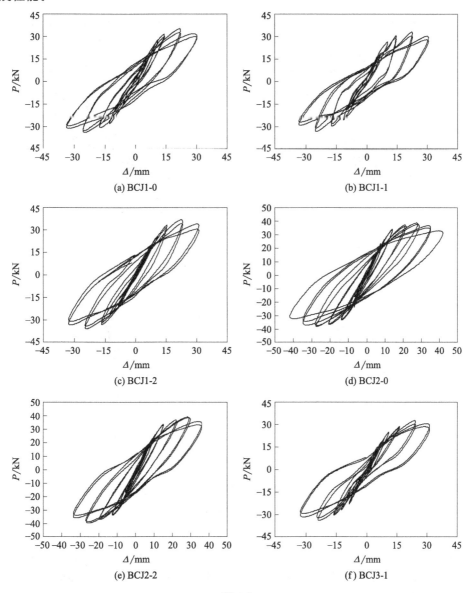

(a) BCJ1-0

(b) BCJ1-1

(c) BCJ1-2

(d) BCJ2-0

(e) BCJ2-2

(f) BCJ3-1

图 4-1

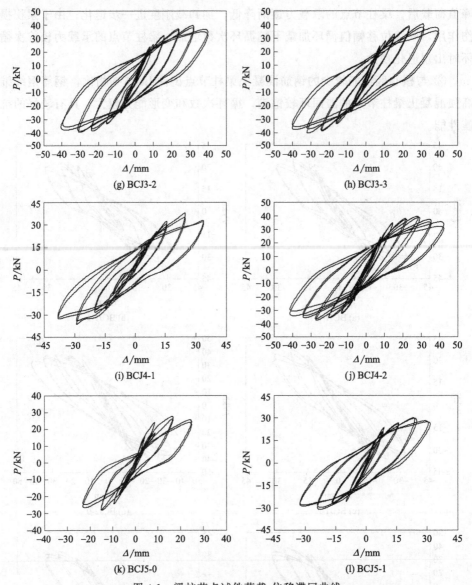

(g) BCJ3-2　　　　　　　　　　　　(h) BCJ3-3

(i) BCJ4-1　　　　　　　　　　　　(j) BCJ4-2

(k) BCJ5-0　　　　　　　　　　　　(l) BCJ5-1

图 4-1　梁柱节点试件荷载-位移滞回曲线

　　③ 与轴压比为 0.2 的梁柱节点试件 BCJ1-1 相比，随轴压比增加，梁柱节点试件的承载力和耗能增大，刚度和承载力的退化减缓，极限位移略有提高。

　　④ 随节点核心区配箍率增加，梁柱节点试件抗震性能有所提高。与核心区无箍筋的梁柱节点试件 BCJ1-0 相比，配箍率为 0.57% 的梁柱节点试件 BCJ2-0 的循环次数和极限位移有所提高，刚度和承载力退化较缓慢，滞回环更饱满。与配箍率较大的钢筋混凝土梁柱节点试件 BCJ5-1 相比，配箍率为 0.57% 的钢筋混

凝土梁柱节点试件 BCJ5-0 的循环次数和极限位移较小，刚度和承载力退化较快，加载后期滞回环逐渐呈 S 形。

⑤ 与混凝土强度等级为 CF60 的梁柱节点试件 BCJ2-0 相比，混凝土强度等级为 CF80 的梁柱节点试件 BCJ2-2 的承载力有所提高，峰值荷载后承载力和刚度退化较快，延性较小。

⑥ 与钢纤维掺入梁端长度为 50mm 的钢筋钢纤维高强混凝土梁柱节点试件 BCJ4-1 相比，掺入梁端长度分别为 125mm 和 250mm 的试件 BCJ2-0 和 BCJ4-2 的极限位移、延性和耗能较大。这是由于钢纤维掺入梁端长度增加限制了梁纵筋屈服向核心区渗透，减缓了核心区剪切变形的发展。与试件 BCJ2-0 相比，试件 BCJ4-2 的峰值荷载较大，但其耗能和延性有所减小。这是由于钢纤维掺入梁端长度增加提高了梁端抗弯承载力，使加载位移幅值和循环次数增加引起核心区剪切变形增大，滞回环逐渐出现捏缩。试验由于钢纤维掺入梁端长度变化范围较小，其对梁柱节点滞回性能影响的规律性不明显，尚需进一步研究。

4.2.2 骨架曲线

将图 4-1 各梁柱节点试件滞回曲线的峰值点相连可得其荷载-位移骨架曲线，见图 4-2。随钢纤维体积率和核心区配箍率增大，峰值荷载和极限变形增大，骨架曲线下降段减缓，抗震性能提高，见图 4-2(a) 和（b）。随轴压比增大，峰值荷载增大，极限变形和延性略有提高，骨架曲线下降段减缓，见图 4-2(c)。随混凝土强度增大，峰值荷载有所提高，极限位移和延性减小，骨架曲线下降段较陡，见图 4-2(d)。

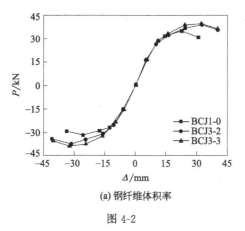

(a) 钢纤维体积率

图 4-2

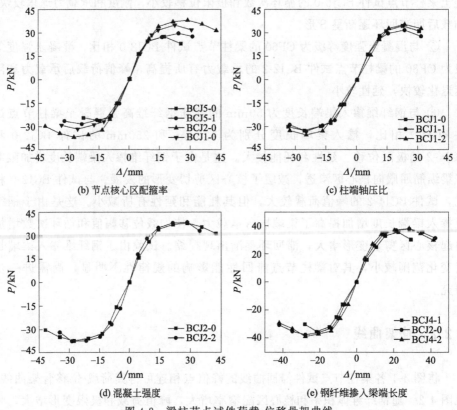

(b) 节点核心区配箍率

(c) 柱端轴压比

(d) 混凝土强度

(e) 钢纤维掺入梁端长度

图 4-2　梁柱节点试件荷载-位移骨架曲线

与钢纤维掺入梁端长度较小的梁柱节点试件 BCJ4-1 相比，梁柱节点试件 BCJ2-0 和 BCJ4-2 的峰值荷载、极限位移和延性均提高。各梁柱节点试件在屈服、峰值和破坏等特征点处的荷载和位移见图 4-3。图中，各特征点的荷载和位移取正反向荷载和位移的平均值，y、m、u 分别代表屈服点、峰值点和破坏点。从图 4-3 可以看出，相同条件下，与钢纤维体积率为 0.5% 的梁柱节点试件 BCJ3-1 相比，钢纤维体积率为 1.0% 的梁柱节点试件 BCJ2-0 的峰值荷载和破坏时位移分别提高了 15.8% 和 28.2%；与核心区无箍筋的梁柱节点试件 BCJ1-0 相比，核心区配箍率为 0.57% 的梁柱节点试件 BCJ2-0 的峰值荷载和破坏时位移分别提高了 9.0% 和 28.9%；与柱端轴压比为 0.2 的梁柱节点试件 BCJ1-1 相比，轴压比为 0.4 的梁柱节点试件 BCJ1-2 的峰值荷载和破坏时位移提高了 8.9% 和 3.2%；与混凝土强度等级为 CF60 的梁柱节点试件 BCJ2-0 相比，强度等级为 CF80 的梁柱节点试件 BCJ2-2 的峰值荷载提高了 1.2%，破坏时位移减小了 12.6%；随钢纤维掺入梁端长度增加，特征点处荷载和位移变化的规律不明显。

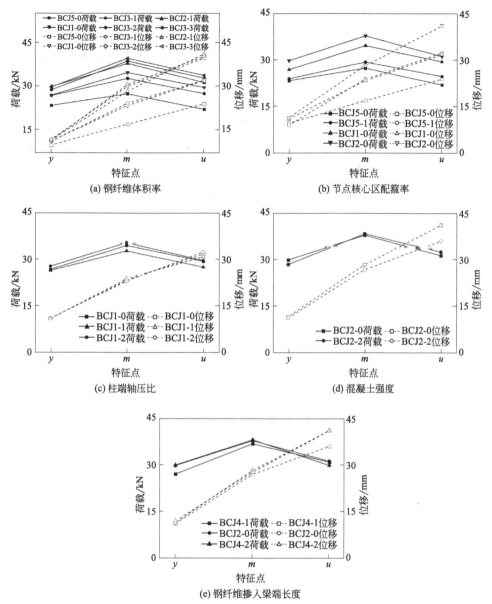

图 4-3 梁柱节点试件特征点处荷载和位移

4.3 梁柱节点恢复力模型

上述分析表明，钢纤维体积率、柱端轴压比和核心区配箍率是影响梁柱节点恢复力性能的主要因素。将图 4-2 中钢筋钢纤维高强混凝土梁柱节点试件的骨架曲线相对于其屈服点进行无量纲化处理，得到图 4-4 的规格化骨架曲线。由图 4-4 可知，钢筋钢纤维高强混凝土梁柱节点骨架曲线可简化为正负向对称的三折线形式，由上升段、强化段和下降段组成，y、m 和 u 分别为骨架曲线的屈服点（P_y，Δ_y）、峰值点（P_m，Δ_m）和极限破坏点（P_u，Δ_u）。其中，P_y、Δ_y、P_m、Δ_m、P_u 和 Δ_u 分别表示屈服点、峰值点、极限破坏点处的荷载和位移，见图 4-5。钢纤维体积率、核心区配箍率和柱端轴压比对梁柱节点骨架曲线的影响可通过屈服点、峰值点和极限破坏点等特征点来反映。

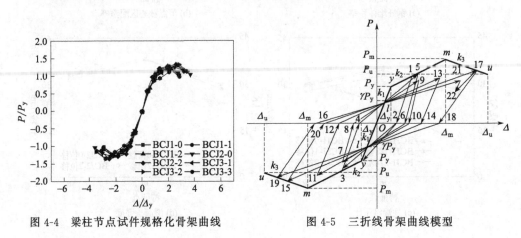

图 4-4　梁柱节点试件规格化骨架曲线　　　　图 4-5　三折线骨架曲线模型

4.3.1　骨架曲线特征点的荷载及位移

（1）屈服点的荷载及位移

荷载作用下，梁柱节点的变形主要由节点区域梁、柱以及核心区变形组成，见图 4-6。图中，L_b、L_c 分别为梁端和柱端长度；δ_b 为梁端位移；$\delta_{b,c}$ 为柱端引起的梁端位移；$\gamma_{j,1}$、$\gamma_{j,2}$ 为节点核心区剪切角。试验表明梁端加载时，梁柱节点变形主要由核心区的剪切变形和梁端弯曲变形组成，柱端变形的影响较小，可忽略。因此，节点屈服时梁端位移 Δ_y 的计算式为：

$$\Delta_y = \delta_{b,y} + \delta_{h,y} \tag{4-1}$$

式中，$\delta_{b,y}$、$\delta_{h,y}$ 分别为梁柱节点屈服时，梁端位移和核心区剪切变形引起的梁端位移。

① $\delta_{b,y}$ 的确定　由图 4-6(b) 所示的梁端变形可得：

$$\delta_{b,y} = \theta_y L_b \tag{4-2}$$

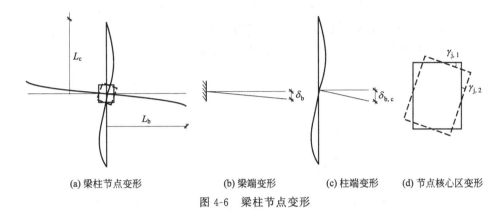

(a) 梁柱节点变形 (b) 梁端变形 (c) 柱端变形 (d) 节点核心区变形

图 4-6 梁柱节点变形

式中，θ_y 为梁端屈服转角，文献 [123] 基于构件截面曲率分布呈直线的基本假定，结合 963 个钢筋混凝土构件的试验结果，建立了 θ_y 的计算式，即：

$$\theta_y = \frac{1}{3}\varphi_y L_b + 0.0025 + \alpha_{sl}\frac{0.25\varepsilon_y d_b f_y}{(h_0 - a_s)\sqrt{f'_c}} \tag{4-3}$$

式中，f_y 和 d_b 为钢筋屈服强度和直径；ε_y 为钢筋屈服应变，$\varepsilon_y = f_y/E_s$；E_s 为钢筋弹性模量；h_0 为截面有效高度，$h_0 = h - a_s$；h 为截面高度；a_s 为受拉或受压钢筋合力点至混凝土边缘距离；f'_c 为混凝土圆柱体抗压强度；α_{sl} 为滑移系数，若钢筋滑移量大于其锚固段取 1，否则取 0；φ_y 为截面屈服曲率。由图 4-7 所示的屈服状态下截面应变分布可得：

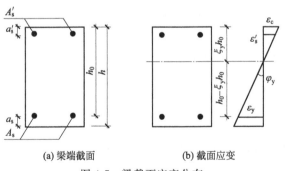

(a) 梁端截面 (b) 截面应变

图 4-7 梁截面应变分布

$$\varphi_y = \frac{\varepsilon_y}{(1 - \xi_y)h_0} \tag{4-4}$$

式中，ξ_y 为屈服时截面相对受压区高度，文献 [123] 基于截面分析法建立了 ξ_y 的计算式，$\xi_y = (n_\varphi^2 \rho_A^2 + 2n_\varphi \rho_B)^{1/2} - n_\varphi \rho_A$；其中，$n_\varphi$ 为材料弹性模量比，

$n_\varphi = E_s/E_{fc}$；E_{fc} 为钢纤维混凝土弹性模量；ρ_A、ρ_B 为计算系数，$\rho_A = \rho + \rho'$，$\rho_B = \rho + (a_s/h_0)\rho'$；$\rho$ 和 ρ' 分别为受拉和受压钢筋配筋率。

由力的平衡条件可得梁柱节点屈服时梁端荷载 P_y 为：

$$P_y = \frac{M_y}{L_b} \tag{4-5}$$

式中，M_y 为梁端屈服弯矩，$M_y = bh_0^3\varphi_y \left\{ E_{fc}\frac{\xi_y^2}{2}\left[0.5\left(1+\frac{a_s}{h_0}\right)-\frac{\xi_y}{3}\right] + \frac{E_s}{2}\left[(1-\xi_y)\rho + \left(\xi_y - \frac{a_s}{h_0}\right)\rho'\right]\left(1-\frac{a_s}{h_0}\right)\right\}^{[3]}$；$b$ 为截面宽度。

② $\delta_{h,y}$ 的确定　由图 4-6(d) 可得节点核心区剪切变形引起的梁端位移 $\delta_{h,y}$ 为：

$$\delta_{h,y} = \gamma_j L_b \tag{4-6}$$

式中，γ_j 为节点核心区的剪切角，$\gamma_j = \delta_j/h_b$；h_b 为梁截面高度；δ_j 为节点核心区的剪切变形。

梁柱节点核心区受压、弯和剪的共同作用，受力十分复杂，其受剪机理为斜压杆-桁架机构的综合作用，见第 3 章图 3-1。基于此，本书将荷载作用下梁柱节点核心区的剪切变形划分为混凝土斜压杆变形和箍筋变形两部分。试验测得的循环荷载作用下梁纵筋和核心区箍筋应变，表明梁端纵筋屈服时对应的箍筋应变较小。由于梁柱节点受力过程中，详细区分混凝土斜压杆变形和箍筋变形所占比重较困难，为简化计算，本书将箍筋的作用折算为等效约束应力，核心区混凝土斜压杆受箍筋等效约束应力的作用，以此建立屈服时梁柱节点核心区剪切变形的计算方法。

节点核心区剪切变形 δ_j 为：

$$\delta_j = \frac{\delta_{j,str}}{\cos\theta} = \frac{\varepsilon_{fc}\sqrt{h_b^2 + h_c^2}}{\cos\theta} \tag{4-7}$$

式中，$\delta_{j,str}$ 为钢纤维混凝土斜压杆变形；θ 为斜压杆倾角，$\theta = \arctan(h_b'/h_c')$；$h_b'$、$h_c'$ 分别为梁和柱外侧钢筋间距离；ε_{fc} 为钢纤维混凝土斜压杆应变，可先通过 $\sigma_{fc} = N_{j,str}/A_{str}$ 得到斜压杆的压应力 σ_{fc}，再根据钢纤维混凝土本构关系确定 ε_{fc}；h_c 为柱端截面高度。当节点核心区配置箍筋时，采用图 4-8(a) 所示的约束钢纤维混凝土本构关系，否则采用图 4-8(b) 所示的未约束钢纤维混凝土本构关系；$N_{j,str}$ 和 σ_{fc} 分别为斜压杆的压力和压应力，$N_{j,str} = V_j/\cos\theta$；$V_j$ 为梁柱节点核心区剪力；A_{str} 为斜压杆横截面面积，$A_{str} = h_s b_s$；h_s 和 b_s 分别为斜压杆的截面高度和宽度，$h_s = (0.25 + 0.85n)h_c$，b_s 取梁宽和柱宽的平均值。

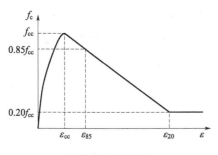

(a) 约束钢纤维混凝土

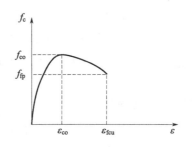

(b) 未约束钢纤维混凝土

图 4-8 钢纤维混凝土本构关系

图 4-8(b) 所示的未约束钢纤维混凝土本构关系可表示为[110]：

$$\sigma = \begin{cases} f_{co}\left[2\left(\dfrac{\varepsilon}{\varepsilon_{co}}\right)-\left(\dfrac{\varepsilon}{\varepsilon_{co}}\right)^2\right] & |\varepsilon| \leqslant |\varepsilon_{co}| \\[2mm] f_{co}\left[1-\zeta\left(\dfrac{\varepsilon}{\varepsilon_{co}}-1\right)^2\right] & |\varepsilon| > |\varepsilon_{co}| \end{cases} \tag{4-8}$$

式中，σ 和 ε 分别为未约束钢纤维混凝土本构关系中的应力和应变；f_{co} 和 ε_{co} 分别为钢纤维混凝土峰值压应力和压应变，$f_{co}=f_c+9.272\rho_f(l_f/d_f)$，$\varepsilon_{co}=0.037f_{co}+0.658\rho_f(l_f/d_f)$；$f_c$ 为混凝土抗压强度；ζ 为系数，$\zeta=\left(1-\dfrac{f_{fp}}{f_{co}}\right)\Big/\left(\dfrac{\varepsilon_{fcu}}{\varepsilon_{co}}-1\right)^2$；$f_{fp}$ 和 ε_{fcu} 分别为名义反弯点应力和应变，$f_{fp}=0.762f_c+6.420\rho_f(l_f/d_f)$，$\varepsilon_{fcu}=3.515+1.826(f_c/f_{co})\rho_f(l_f/d_f)$。

约束钢纤维混凝土本构关系采用 Saatcioglu 基于大量箍筋约束钢筋混凝土构件的试验，通过引入等效约束围压建立的约束混凝土本构关系[124]，见图 4-8 (a)，其表达式为：

$$\sigma = \begin{cases} f_{cc}\left[2\left(\dfrac{\varepsilon}{\varepsilon_{cc}}\right)-\left(\dfrac{\varepsilon}{\varepsilon_{cc}}\right)^2\right]^{\frac{1}{1+2\eta}} & |\varepsilon| \leqslant |\varepsilon_{cc}| \\[3mm] 0.15f_{cc}\left(\dfrac{\varepsilon-\varepsilon_{cc}}{\varepsilon_{cc}-\varepsilon_{85}}\right)+f_{cc} & |\varepsilon_{cc}| < |\varepsilon| \leqslant |\varepsilon_{20}| \\[3mm] 0.2f_{cc} & |\varepsilon| > |\varepsilon_{20}| \end{cases} \tag{4-9}$$

式中，ε_{85} 为下降到 85% 峰值应力所对应的应变；ε_{20} 为下降到 20% 峰值应力所对应的残余应变；f_{cc} 和 ε_{cc} 分别为约束钢纤维混凝土峰值压应力和压应变，$f_{cc}=f_{co}+\eta_1 f_{le}$，$\varepsilon_{cc}=\varepsilon_{co}(1+5\eta)$；$\eta$ 和 η_1 为系数，$\eta=\eta_1 f_{le}/f_{co}$，$\eta_1=6.7(f_{le})^{-0.17}$；$f_{le}$ 为等效约束应力，对于一般矩形截面，$f_{le}=(f_{lex}b_{cx}+f_{ley}b_{cy})/(b_{cx}+b_{cy})$；$b_{cx}$、$b_{cy}$、$f_{lex}$ 和 f_{ley} 分别为矩形截面短边和长边长度以及对应的等效约束应力，$f_{lex}=$

$\eta_{2x}f_{lx}$，$f_{ley}=\eta_{2y}f_{ly}$；f_{lx}、f_{ly} 分别为矩形截面短边和长边约束应力，$f_{lx}=\sum A_{sh}f_{yt}/sb_{cx}$，$f_{ly}=\sum A_{sh}f_{yt}/sb_{cy}$；$\sum A_{sh}$ 和 f_{yt} 分别为箍筋面积和强度；η_{2x} 和 η_{2y} 为系数，$\eta_{2x}=0.26\sqrt{\left(\dfrac{b_{cx}}{s}\right)\left(\dfrac{b_{cx}}{s_1}\right)\left(\dfrac{1}{f_{lx}}\right)}$，$\eta_{2y}=0.26\sqrt{\left(\dfrac{b_{cx}}{s}\right)\left(\dfrac{b_{cy}}{s_1}\right)\left(\dfrac{1}{f_{ly}}\right)}$；$s$ 为箍筋间距；s_1 为纵筋间距。

利用式(4-1)对 23 个同为梁端循环加载的梁柱节点试件[7,50,59,102,125]的屈服位移进行计算，结果见表 4-1。分析表 4-1 可知，梁柱节点试件屈服位移实测值与理论计算值之比 $\Delta_{y,t}/\Delta_{y,c}$ 与钢纤维含量特征值 λ_f 有较大相关性，随 λ_f 增加，$\Delta_{y,t}/\Delta_{y,c}$ 有减小趋势；柱端轴压比、节点核心区配箍率和混凝土强度对 $\Delta_{y,t}/\Delta_{y,c}$ 的影响较小，见图 4-9。其原因主要是建立的计算方法引入了混凝土强度、柱端轴压比和核心区箍筋的作用，钢纤维作用考虑得较少，表现在：计算 $\delta_{b,y}$ 时，仅利用钢纤维混凝土弹性模量替代混凝土弹性模量；计算 $\delta_{h,y}$ 时，钢纤维混凝土斜压杆横截面面积 A_{str} 采用的是混凝土斜压杆横截面面积 $A_{str,c}$ 的计算式，而试验研究表明钢纤维混凝土斜压杆传力过程中存在压应力扩散现象，A_{str} 较 $A_{str,c}$ 有所增加。因此，对表 4-1 试验数据进行回归分析，得到修正的梁柱节点屈服位移 $\Delta_{y,m}$ 计算式：

$$\Delta_{y,m}=(0.792-0.062\lambda_f)\Delta_y \tag{4-10}$$

表 4-1 试验实测值与式(4-10)修正屈服位移计算值之比的平均值为 0.999，均方差为 0.017，变异系数为 0.017，吻合较好。同理，对式(4-5)的屈服荷载进行修正，可得：

$$P_{y,m}=(0.910+0.066\lambda_f)P_y \tag{4-11}$$

表 4-1 梁柱节点屈服位移试验值与计算值对比

试件编号	$\Delta_{y,t}$ /mm	$\Delta_{y,c}$/mm		$\Delta_{y,t}/\Delta_{y,c}$	
		式(4-1)	式(4-10)	式(4-1)	式(4-10)
SF5[7]	12.14	16.56	12.28	0.733	0.988
S4[125]	3.95	5.31	3.97	0.744	0.995
S1[59]	14.98	19.22	15.22	0.779	0.984
S2[59]	14.39	18.6	14.73	0.774	0.977
S3[59]	13.07	19.16	13.27	0.682	0.984
S1[50]	16.38	20.37	16.13	0.804	1.015
S2[50]	15.98	19.88	15.74	0.804	1.015
S3[50]	15.37	20.39	15.39	0.754	0.999
S4[50]	14.13	20.85	14.44	0.678	0.978
A-2[102]	11.34	14.08	11.15	0.805	1.017
B-1[102]	10.89	13.92	10.85	0.782	1.003

试件编号	$\Delta_{y,t}$ /mm	$\Delta_{y,c}$/mm		$\Delta_{y,t}/\Delta_{y,c}$	
		式(4-1)	式(4-10)	式(4-1)	式(4-10)
B-2[102]	10.84	14.18	10.88	0.764	0.996
B-3[102]	10.67	14.13	10.67	0.755	1.000
BCJ1-0	11.05	14.91	11.21	0.741	0.986
BCJ1-1	10.96	14.18	10.66	0.772	1.028
BCJ1-2	11.14	14.66	11.02	0.760	1.011
BCJ2-0	11.42	14.89	11.19	0.767	1.020
BCJ2-2	11.03	15.04	11.31	0.733	0.976
BCJ3-1	10.98	14.05	10.84	0.782	1.013
BCJ3-2	11.35	15.30	11.19	0.741	1.015
BCJ3-3	11.62	15.88	11.30	0.732	1.029
BCJ5-0	9.65	12.29	9.73	0.785	0.992
BCJ5-1	9.04	11.72	9.28	0.771	0.974

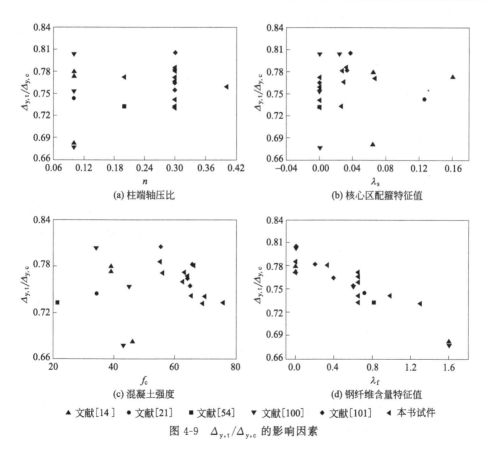

(a) 柱端轴压比

(b) 核心区配箍特征值

(c) 混凝土强度

(d) 钢纤维含量特征值

▲ 文献[14]　● 文献[21]　■ 文献[54]　▼ 文献[100]　◆ 文献[101]　◀ 本书试件

图 4-9　$\Delta_{y,t}/\Delta_{y,c}$ 的影响因素

（2）峰值点的荷载及位移

峰值点的位移可由强化段刚度计算，即：

$$\Delta_m = \frac{1}{k_1}(P_m - P_y) + \Delta_y \tag{4-12}$$

式中，Δ_m 为峰值点的位移；P_m 为峰值点的荷载，可根据破坏形态不同分别采用式（3-17）和式（3-18）计算；k_1 为强化段刚度，试验研究表明 k_1 与柱端轴压比 n、钢纤维含量特征值 λ_f 和核心区配箍特征值 λ_s 有一定的相关性，通过对本书试验结果的统计分析，可得 $k_1 = 0.377 + 0.080n + 1.658\lambda_s + 0.164\lambda_f$。

（3）极限破坏点的荷载及位移

当梁柱节点承载力降低至峰值点荷载 P_m 的 85% 时，认为梁柱节点达到极限破坏状态[92]，则极限破坏点的荷载 P_u 为：

$$P_u = 0.85P_m \tag{4-13}$$

极限破坏点的位移由退化段刚度计算，即：

$$\Delta_u = \frac{1}{k_2}(P_u - P_m) + \Delta_m \tag{4-14}$$

式中，Δ_u 为极限破坏点的位移；k_2 为退化段刚度，通过对本书试验结果的统计分析，得到 $k_2 = -0.883 + 0.650n + 0.075\lambda_s + 0.065\lambda_f$。

4.3.2 滞回规则

（1）卸载刚度

试验表明，梁柱节点屈服前，加载和卸载曲线基本为直线，刚度变化较小，加卸载刚度与弹性刚度 k_0 相同，$k_0 = P_y/\Delta_y$；屈服后，卸载刚度逐渐退化，卸载刚度与弹性刚度之比 k_{un}/k_0 随规格化位移 Δ/Δ_y 的变化见图 4-10（a）。其中，卸载刚度 k_{un} 取滞回环正反向峰值点与卸载到荷载零点直线斜率的平均值。可以看出，k_{un}/k_0 随 Δ/Δ_y 变化曲线为幂函数形式，并与柱端轴压比、钢纤维体积率和核心区配箍率有关，k_{un} 可表示为：

$$k_{un} = k_0 a_k \left(\frac{\Delta}{\Delta_y}\right)^{b_k} \tag{4-15}$$

式中，a_k、b_k 分别为与柱端轴压比、钢纤维体积率和核心区配箍率有关的参数。通过对本书试验结果的统计分析，得到 $a_k = 0.743 + 0.210n + 1.153\lambda_s + 0.103\lambda_f$，$b_k = -1.074 + 1.030n + 4.391\lambda_s + 0.365\lambda_f$。

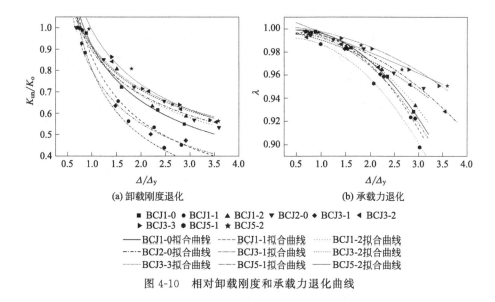

(a) 卸载刚度退化　　　　　　　　(b) 承载力退化

■ BCJ1-0　● BCJ1-1　▲ BCJ1-2　▼ BCJ2-0　◆ BCJ3-1　◀ BCJ3-2
▶ BCJ3-3　● BCJ5-1　★ BCJ5-2
—— BCJ1-0拟合曲线　---- BCJ1-1拟合曲线　…… BCJ1-2拟合曲线
-·-· BCJ2-0拟合曲线　—·— BCJ3-1拟合曲线　…… BCJ3-2拟合曲线
…… BCJ3-3拟合曲线　—— BCJ5-1拟合曲线　—— BCJ5-2拟合曲线

图 4-10　相对卸载刚度和承载力退化曲线

（2）承载力退化

同级位移幅值循环加载时，梁柱节点出现承载力退化，并随规格化位移增加有增大的趋势。各梁柱节点试件承载力退化率 λ 随规格化位移 Δ/Δ_y 的变化见图 4-10(b)。可以看出，λ 随 Δ/Δ_y 变化曲线为多项式形式，并与柱端轴压比、钢纤维体积率和核心区配箍率有关，λ 可表示为：

$$\lambda = c_\lambda \left(\frac{\Delta}{\Delta_y}\right)^2 + d_\lambda \frac{\Delta}{\Delta_y} + e_\lambda \tag{4-16}$$

式中，c_λ、d_λ 和 e_λ 分别为与柱端轴压比、钢纤维体积率和梁柱节点核心区配箍率有关的参数。通过对本书梁柱节点试件试验结果的统计分析，得到 $c_\lambda = -0.0305 + 0.0235n + 0.3170\lambda_s + 0.016\lambda_f$，$d_\lambda = 0.0474 - 0.0480n - 0.6765\lambda_s - 0.0286\lambda_f$，$e_\lambda = 0.9732 - 0.0180n + 0.4559\lambda_s + 0.0198\lambda_f$。

（3）再加载路径

试验表明，梁柱节点滞回曲线在屈服后的正反向再加载路线基本指向骨架曲线上纵坐标为 γP_y 点，见图 4-11。其中，γ 为与柱端轴压比、核心区配箍特征值以及钢纤维含量特征值相关的系数。由试验结果统计分析得：

$$\gamma = -0.130 + 0.585n + 10.042\lambda_s + 0.639\lambda_f \tag{4-17}$$

综合以上分析，考虑节点核心区配箍率、钢纤维体积率和柱端轴压比影响的钢筋钢纤维高强混凝土梁柱节点三折线定点指向型恢复力模型见图 4-5，其滞回规则如下：

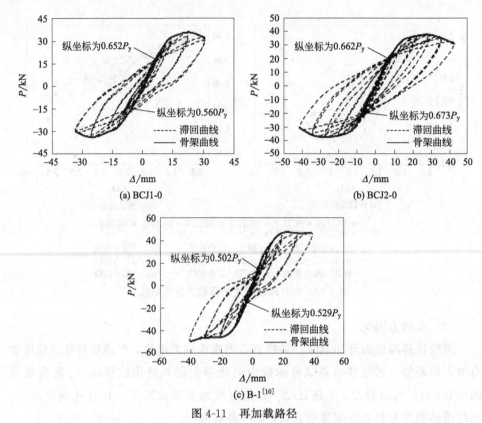

(a) BCJ1-0

(b) BCJ2-0

(c) B-1[10]

图 4-11　再加载路径

① 梁柱节点屈服前为弹性段，正反向加卸载刚度均取弹性刚度 k。（图 4-5 中 Oy 段）；

② 梁柱节点屈服后，加载路径沿骨架曲线进行（图 4-5 中 $y→1$），卸载刚度按式（4-15）计算，卸载至零载（图 4-5 中 $1→2$）；

③ 反向加载时，若梁柱节点反向未屈服，加载路径指向反向屈服点（图 4-5 中 $2→y$）；若节点反向超越屈服，反向加载路径从正向零载点指向骨架曲线纵坐标为 $γP_y$ 的 l 点（图 4-5 中 $2→l→3$），$γ$ 按式（4-17）计算，卸载刚度按式（4-15）计算（图 4-5 中 $3→4$）；正向再加载路径由反向零载点指向 l 点（图 4-5 中 $4→l→5$）；当相同位移幅值循环加载时，再加载路径由零载点指向按式（4-17）计算的承载力退化点，卸载刚度按式（4-15）计算（图 4-5 中 $6→7→8→9→10$）；当再加载未达到骨架曲线之前卸载时，卸载刚度根据位移幅值按式（4-15）计算，再加载路径由零载点指向骨架曲线 l 点（图 4-5 中 $10→l→11→12→l→13→14$）；当卸载至零载之前再加载时，卸载刚度按式（4-15）计算，再加载路线指向上一循环加载曲线与骨架曲线交点（图 4-5 中 $20→21→22→17$）。

4.3.3 恢复力模型验证

利用建立的梁柱节点恢复力模型对本书和文献 [7, 50, 102] 部分钢筋钢纤维混凝土梁柱节点试件进行计算，计算的骨架曲线及滞回曲线与试验的对比见图 4-12 和图 4-13。可见，计算结果与试验结果吻合较好，表明建立的计算模型能够较好地反映钢筋钢纤维高强混凝土梁柱节点的恢复力性能。

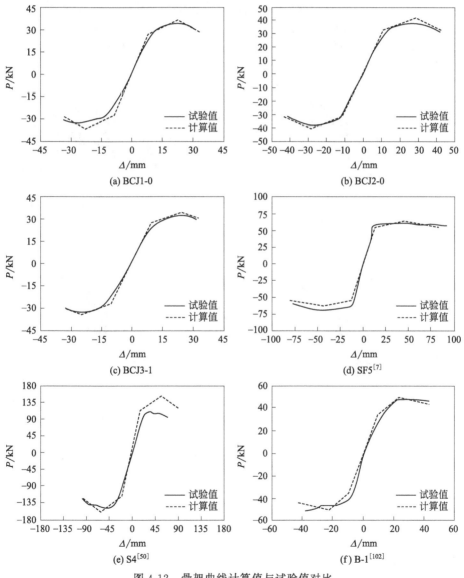

图 4-12 骨架曲线计算值与试验值对比

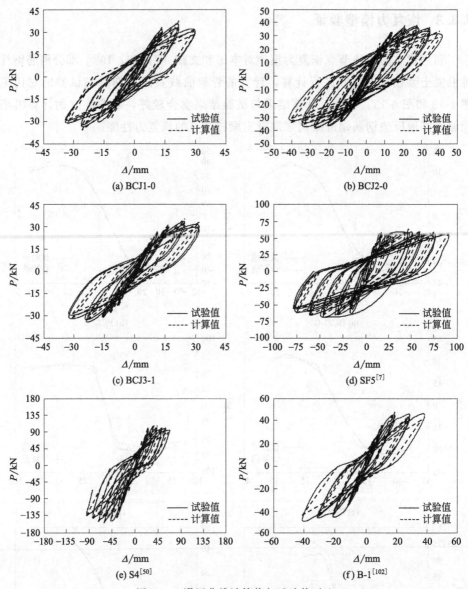

图 4-13　滞回曲线计算值与试验值对比

5

钢筋钢纤维高强混凝土梁柱节点损伤特性及计算方法

5.1 引言

目前，国内外学者对钢筋混凝土构件地震损伤性能进行了较多的研究，建立了相关的计算模型[7,71,75-77,126,127]，主要分为单参数地震模型和双参数地震模型，其中应用较广的是 Y. J. Park 和 H. S. Ang 于 1985 年基于大量钢筋混凝土构件试验结果建立的损伤计算模型[3]：

$$D = \frac{\delta_m}{\delta_u} + \frac{\beta}{Q_y \delta_u} \int dE \tag{5-1}$$

式中，D 为损伤指数；δ_m 为循环荷载下极限变形；δ_u 为单调荷载下极限变形；Q_y 为屈服承载力；$\int dE$ 为累计滞回耗能；β 为模型组合参数，Y. S. Park 和 H. S. Ang 通过对大量钢筋混凝土构件试验数据的回归分析，建议了构件剪切破坏和弯曲破坏时的 β 值[126]。

Park-Ang 模型采用相对变形和累积能量的双参数形式，能够综合反映钢筋混凝土构件在地震荷载作用下的首次超越破坏和累积损伤破坏。但是，仍存在一些不足[127]，例如，变形和能量的简单线性叠加并不准确，当位移延性系数较小时，计算精度较差；未考虑加载路径影响，尤其是未能体现同一位移幅值多次循环加载下构件的损伤；β 值计算复杂，且离散性较大。因此，本章通过循环加载试验结果的分析，研究钢筋钢纤维高强混凝土梁柱节点的损伤演化特性，采用变形和累积能量耗散指标，建立能够反映钢筋钢纤维高强混凝土梁柱节点损伤演化过程的计算模型。最后，利用试验结果验证模型的有效性，并进一步分析影响钢筋钢纤维高强混凝土梁柱节点损伤性能的因素。为方便与 Park-Ang 模型对比分析，本章中采用的位移符号与式(5-1) 相同。

5.2 循环荷载下梁柱节点损伤特性

试验表明，随梁柱节点核心区配箍率和钢纤维体积率的变化，钢筋钢纤维高强混凝土梁柱节点主要呈现核心区剪切破坏和梁端弯曲破坏。梁柱节点核心区配箍率或钢纤维体积率较小的试件发生核心区剪切破坏，其损伤演化过程及特征主要为：加载初期，梁端出现垂直细小裂缝，而节点核心区混凝土未开裂，梁柱节点处于弹性阶段，其承载力和刚度的退化以及核心区箍筋的应变均较小，梁柱节点损伤较小；随荷载幅值及循环次数的增加，梁柱节点核心区中部沿近似对角线方向出现初始斜裂缝，随正反向加载幅值及循环次数的增加，斜裂缝向两对角方向扩展，逐渐形成双向交叉斜裂缝，梁端裂缝发展缓慢，荷载-位移曲线出现明显拐点，梁柱节点试件屈服，承载力和刚度的退化以及核心区箍筋的应变逐渐增大，梁柱节点损伤逐渐增大并稳定发展；破坏时，梁柱节点核心区出现贯通的交叉主斜裂缝和许多细小的斜向平行裂缝，核心区箍筋大多屈服，而梁端裂缝较小且发展趋于稳定，损伤主要集中在梁柱节点的核心区。核心区配箍率及钢纤维体积率较大的梁柱节点试件发生梁端弯曲破坏，其损伤演化过程及特征主要为：加载初期，在梁端距柱边较近范围内出现细小的弯曲垂直裂缝，节点核心区混凝土未开裂，梁端纵筋和箍筋应变均较小，梁柱节点损伤较小；随荷载幅值及循环次数的增加，梁端纵向钢筋屈服，垂直裂缝扩展的同时出现了斜裂缝，最终上下端裂缝贯通形成塑性铰，核心区裂缝发展缓慢，梁柱节点承载力和刚度的退化逐渐增大；破坏时，梁端混凝土保护层出现剥落现象，柱边附近形成引起破坏的垂直裂缝，节点核心区仅出现轻微裂缝，损伤主要集中在梁端区域。

综上可见，核心区剪切破坏和梁端弯曲破坏的梁柱节点的损伤演化过程基本具有混凝土开裂、纵筋屈服、达到极限承载力以及破坏等特征。混凝土开裂前，节点损伤很小，可忽略；混凝土开裂至纵筋屈服阶段，节点的裂缝数量和宽度逐渐增加，见图 5-1(a)；梁端纵筋屈服至达到梁柱节点极限承载力阶段，节点的损伤稳定增长，其承载力和刚度逐渐退化，节点核心区箍筋应变逐渐增大，见图 5-1(b)；达到极限承载力至梁柱节点破坏阶段，混凝土裂缝逐渐贯通，核心区箍筋大多屈服，梁柱节点的损伤急剧增长，承载力逐渐丧失，见图 5-1(c)。

 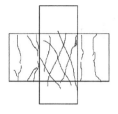 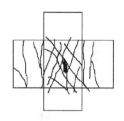

(a) 损伤开始   (b) 损伤稳定增长   (c) 损伤急剧增长

图 5-1 梁柱节点损伤演化过程

5.3 梁柱节点损伤模型

5.3.1 损伤模型建立

第 2 章试验结果分析表明，梁柱节点的刚度和承载力退化以及耗能能力指标随加载幅值和循环次数的变化能较好地反映其在循环荷载作用下的损伤演化过程。为研究梁柱节点承载力退化与耗能能力指标之间的关系，定义循环荷载下梁柱节点的滞回耗能变化率与承载力变化率的比值为能强比 η_e，即：

$$\eta_e = \frac{E_\eta}{P_\eta} \tag{5-2}$$

式中，E_η、P_η 分别为同级荷载幅值下最后一次加载较首次加载的滞回耗能和承载力变化率，计算式分别为：

$$E_{\eta,i} = \frac{E_{\eta,i,1} - E_{\eta,i,j}}{E_{\eta,i,1}}, P_{\eta,i} = \frac{P_{\eta,i,1} - P_{\eta,i,j}}{P_{\eta,i,1}} \tag{5-3}$$

式中，$E_{\eta,i,1}$、$E_{\eta,i,j}$、$P_{\eta,i,1}$ 和 $P_{\eta,i,j}$ 分别为同级荷载幅值下首次和最后一次加载的滞回环面积以及峰值荷载。根据本书和文献 [102] 有关梁柱节点试件的试验结果，得到了能强比 η_e 随相对位移 δ/δ_y 的变化关系，见图 5-2(a)。

由图 5-2 可以看出，能强比 η_e 随 δ/δ_y 的变化可用指数函数表达，即：

$$\eta_e = a_\eta e^{-b_\eta (\delta/\delta_y)} \tag{5-4}$$

式中，a_η、b_η 为参数，通过对本书和文献 [8] 梁柱节点试件试验数据的分析拟合得到：$a_\eta = 102.897$、$b_\eta = -1.343$。

由式(5-4)可见，循环加载下梁柱节点承载力退化与滞回耗能指标具有相关性，可通过耗能能力的变化来表征承载力的退化。文献 [128] 利用循环荷载作

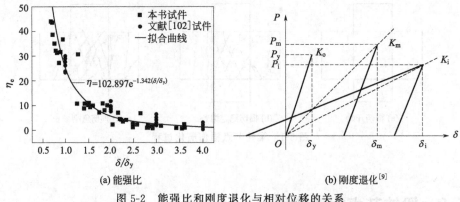

(a) 能强比　　　　　　　　　(b) 刚度退化[9]

图 5-2　能强比和刚度退化与相对位移的关系

用下钢筋混凝土柱水平位移与刚度退化的简化关系，验证了可通过变形来表征柱刚度的退化，见图 5-2(b)。因此，本书采用变形与累积能量耗散指标的组合建立钢筋钢纤维高强混凝土梁柱节点的损伤模型。

循环荷载作用下梁柱节点试件相对能量耗散指标 $\sum E_i/[2P_y(\delta_u-\delta_y)]$ 与相对位移 $(\delta_m-\delta_c)/(\delta_u-\delta_c)$ 的关系曲线见图 5-3。图中，δ_c 为开裂位移；P_y 为屈服荷载；E_i 为第 i 次加载时的耗散能量。可见，尽管各试件的柱端轴压比、钢纤维体积率和核心区配箍率均不同，但相对能量耗散指标与相对位移的关系曲线均呈指数函数的形式。为便于计算模型的建立，引入参数 η_2 将相对能量耗散指标转换为 $\{\sum E_i/[2P_y(\delta_u-\delta_y)]\}^{\eta_2}$，使相对能量耗散指标与相对位移指标的关系简化为线性，见图 5-4。

综上所述，根据累积耗能与位移的关系，钢筋钢纤维高强混凝土梁柱节点双参数损伤模型可表达为：

$$D=(1-\eta_1)\left(\frac{\delta_m-\delta_c}{\delta_u-\delta_c}\right)+\eta_1\sum\left[\frac{E_i}{2P_y(\delta_u-\delta_y)}\right]^{\eta_2} \tag{5-5}$$

式中，η_1 为反映变形与累积能量指标相互影响的模型组合参数；η_2 为反映柱端轴压比、钢纤维体积率和节点核心区配箍率等影响的模型试验参数。

5.3.2　单调加载下梁柱节点位移

梁柱节点变形主要由梁柱节点区域的梁、柱以及核心区的变形组成，见第 4 章图 4-6。参照梁柱节点屈服位移计算公式式(4-1)，梁柱节点位移 δ 的计算公式为：

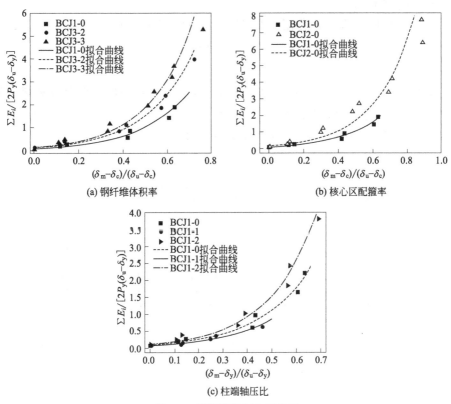

(a) 钢纤维体积率

(b) 核心区配箍率

(c) 柱端轴压比

图 5-3　累积耗能与位移关系

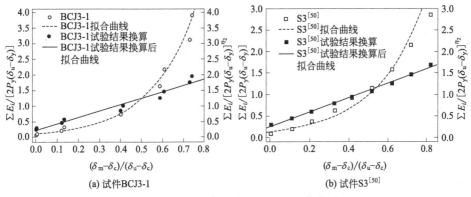

(a) 试件BCJ3-1

(b) 试件S3[50]

图 5-4　累积耗能与位移关系的简化

$$\delta = \delta_b + \delta_{j,b} \tag{5-6}$$

式中，δ_b 和 $\delta_{j,b}$ 分别为梁柱节点梁端弯曲变形和核心区剪切变形引起的梁端位移。

（1）δ_b 的确定

由图 4-6(b)，荷载 P 作用下梁端位移 δ_b 的计算公式为：

$$\delta_b = \frac{M_b L_b^2}{3B} \tag{5-7}$$

式中，M_b 为梁弯矩，$M_b = PL_b$，M_b 作用下梁截面的应变分布见图 5-5；P 为梁端荷载；L_b 为梁端长度；B 为梁端截面刚度，$B = E_{fc}I$；E_{fc} 为钢纤维混凝土弹性模量；I 为梁端截面惯性矩，取为有效惯性矩 I_{eff}。

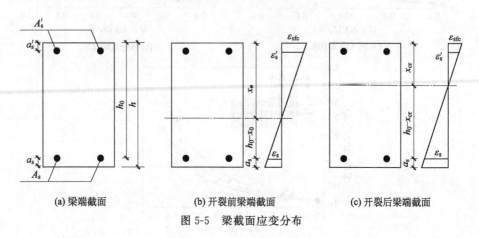

(a) 梁端截面   (b) 开裂前梁端截面   (c) 开裂后梁端截面

图 5-5　梁截面应变分布

I_{eff} 的计算公式为：

$$I_{eff} = \left(\frac{M_{cr}}{M_b}\right)^3 I_0 + \left[1 - \left(\frac{M_{cr}}{M_b}\right)^3\right] I_{cr} \leqslant I_0 \tag{5-8}$$

式中，M_{cr} 为梁端开裂弯矩，参照文献 [98] 计算；I_0、I_{cr} 分别为开裂前和开裂后截面惯性矩。基于有效惯性矩法[98]，由图 5-5(b) 得到开裂前截面惯性矩 I_0 为：

$$I_0 = \frac{b_b\left[x_0^3 + (h - x_0)^3\right]}{3} + n_b A_s (h_0 - x_0)^2 + n_b A_s'(x_0 - a_s')^2 \tag{5-9}$$

式中，I_0 为截面开裂前的惯性矩；b_b、h_0 分别为梁端截面宽度和有效高度；A_s、A_s' 分别为受拉和受压区的钢筋面积；a_s' 为混凝土保护层厚度；n_b 为换算面积系数，$n_b = E_s/E_{fc}$；E_s 为钢筋弹性模量；x_0 为钢纤维混凝土受压区高度，$x_0 = \left(\frac{1}{2}b_b h^2 + n_b A_s h_0 + n_b A_s' a_s'\right)/(b_b h + n_b A_s + n_b A_s')$；$h$ 为梁端截面高度。

由图 5-5(c) 得到开裂后截面惯性矩 I_{cr} 为：

$$I_{cr} = \frac{b_b x_{cr}^3}{3} + n_b A_s (h_0 - x_{cr})^2 + n_b A_s'(x_{cr} - a_s')^2 \tag{5-10}$$

式中，I_{cr} 为截面开裂后的惯性矩；x_{cr} 为裂缝截面受压区高度，$x_{cr} = \dfrac{(n_b A_s + n_b A_s')\left[-1+\sqrt{(2b_b A_s h_0 + 2b A_s' a_s')/(n_b A_s + n_b A_s')}\right]}{b}$。

极限状态时梁端塑性铰区的混凝土压碎，此时梁端极限位移 $\delta_{b,u}$ 为：

$$\delta_{b,u} = \frac{M_{b,y} L_b^2}{3B} + \left(\frac{\varepsilon_{fc,u}}{x_u} - \frac{\varepsilon_y}{h_0 - x_{cr}}\right) L_p (L_b - L_p) \tag{5-11}$$

式中，$\delta_{b,u}$ 为极限状态时梁端的位移；$M_{b,y}$ 为梁端屈服弯矩，近似取为 $M_{b,u}^{[98]}$；$M_{b,u}$ 为梁端极限弯矩，参照文献 [98] 计算；x_u 为极限状态时钢纤维混凝土受压区高度，由截面平衡可得，$x_u = (A_s f_y + f_{ftb} b_b h)/(0.8 f_{fcm} b_b + f_{ftb} b_b)^{[4]}$；$f_{fcm}$、$f_{ftb}$ 分别为钢纤维混凝土弯曲抗压和弯曲抗拉强度，$f_{fcm} = f_{cm}(1+0.25\lambda_f^{0.797})$，$f_{ftb} = 1.5\lambda_f^{0.8} f_t$，$f_{cm}$ 为混凝土弯曲抗压强度，λ_f 为钢纤维含量特征值；f_t 为混凝土抗拉强度；$\varepsilon_{fc,u}$ 为钢纤维混凝土极限压应变，$\varepsilon_{fc,u} = \varepsilon_{cu} + 0.0012\lambda_f^{0.5[4]}$；$\varepsilon_{cu}$ 为混凝土极限压应变；L_p 为梁端塑性铰长度，近似取 $L_p = 1.0h$。

用式(5-11) 计算梁端极限位移 $\delta_{b,u}$ 较为复杂，为简化计算，可取 $\delta_{b,u}$ 为：

$$\delta_{b,u} = L_b \theta_{b,u} \tag{5-12}$$

式中，$\theta_{b,u}$ 为单调加载下钢筋钢纤维混凝土梁的极限转角，见图 4-6(b)。

对于钢筋钢纤维混凝土构件，钢纤维的阻裂作用提高了混凝土极限压应变，延缓其破坏过程，从而显著增强其延性。因此，引入钢纤维增强系数 α_f，则单调加载下钢筋钢纤维高强混凝土梁柱节点梁端极限变形的计算式可表示为：

$$\delta_{b,u} = \delta_{b,u,o}\left(1 + \alpha_f \rho_f \frac{l_f}{d_f}\right) \tag{5-13}$$

式中，$\delta_{b,u,o}$ 为单调加载下钢筋混凝土梁端极限变形；α_f 为钢纤维增强系数。

参照式(5-12)，单调加载下钢筋混凝土梁端极限变形 $\delta_{b,u,o}$ 的计算公式为：

$$\delta_{b,u,o} = L_b \theta_{b,u,o} \tag{5-14}$$

式中，$\theta_{b,u,o}$ 为单调加载下钢筋混凝土梁端的极限转角。文献 [123] 基于 234 个钢筋混凝土构件单调加载试验结果，建立了弯曲破坏时构件极限转角 $\theta_{b,u,o}$ 的简化计算式，即：

$$\theta_{b,u,o} = \alpha_{st}\left(1 + \frac{\alpha_{sl}}{8}\right)(0.15^n)\left[\frac{\max\left(0.01, \dfrac{\rho' f_y'}{f_c'}\right)}{\max\left(0.01, \dfrac{\rho f_y}{f_c'}\right)} \times \frac{L_s}{h} f_c'\right]^{0.425} \tag{5-15}$$

式中，$\theta_{b,u,o}$ 为单调加载下钢筋混凝土梁的极限转角；α_{st} 为钢筋类型系数，热轧钢筋取 1.25，热处理钢筋取 1.0，冷拉钢筋取 0.5；α_{sl} 为滑移系数；n 为轴压比；ρ' 和 f_y' 分别为梁端上部钢筋的配筋率和屈服强度；ρ 和 f_y 分别为梁端下部钢筋的配筋率和屈服强度；L_s 为梁端钢筋长度；f_c' 为混凝土圆柱体抗压强度。

利用文献［129-133］试验结果分析式(5-12) 中 α_f 的主要影响因素，计算过程见图 5-6(a)，图中各直线的斜率为由文献［129-133］钢纤维混凝土试件试验结果拟合得到的 α_f 值，由此得到的 α_f 与混凝土强度的关系见图 5-6(b)。

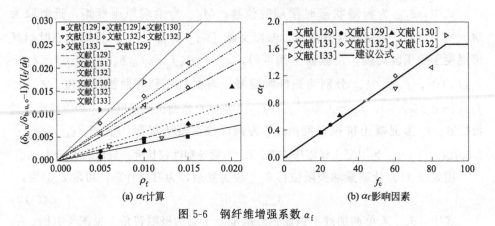

(a) α_f计算　　　　　　　　　　(b) α_f影响因素

图 5-6　钢纤维增强系数 α_f

由图 5-6(b) 可见，钢纤维增强系数 α_f 与混凝土强度相关。通过对文献［129-133］试验结果的拟合分析，当混凝土强度 $f_c \leqslant 88\mathrm{MPa}$ 时，取 $\alpha_f = 0.019f_c$；当 $f_c > 88\mathrm{MPa}$ 时，取 $\alpha_f = 1.672$。

(2) $\delta_{j,b}$ 的确定

试验研究表明，梁柱节点核心区剪力由斜压杆机构和桁架机构共同承担，其受剪承载力的简化计算式为：

$$V_j = V_{jc} + V_{js} \tag{5-16}$$

式中，V_j 为梁柱节点的受剪承载力；V_{jc} 为钢纤维混凝土承担的剪力；V_{js} 为核心区箍筋承担的剪力。

基于斜压杆和桁架模型，梁柱节点核心区剪切变形的简化计算模型见图 4-6(d)，其核心区剪切变形引起的梁端位移 $\delta_{j,b}$ 参照式(4-6) 计算，即：

$$\delta_{j,b} = \gamma_j L_b \tag{5-17}$$

试验研究表明梁柱节点核心区开裂前，其剪力主要由钢纤维混凝土斜压杆承担，核心区剪切变形 δ_j 参照式(4-7) 计算，即：

$$\delta_j = \frac{\delta_{j,str}}{\cos\theta} = \frac{N_{j,str}\sqrt{h_b^2 + h_c^2}}{E_{fc}A_{str}\cos\theta_{str}} \tag{5-18}$$

式中，$\delta_{\mathrm{j,str}}$ 为斜压杆的剪切变形；θ 为斜压杆倾角，取 $\theta = \arctan(h_{\mathrm{b}}'/h_{\mathrm{c}}')$；其中，$h_{\mathrm{b}}'$、$h_{\mathrm{c}}'$ 分别为梁、柱最外侧钢筋间的距离；$N_{\mathrm{j,str}}$ 为轴压力；h_{b} 为梁端截面高度；h_{c} 为柱端截面高度；E_{fc} 为钢纤维混凝土弹性模量；A_{str} 为斜压杆有效面积，$A_{\mathrm{str}} = (k_{\mathrm{str}}b_{\mathrm{s}}h_{\mathrm{c}})/\cos\theta_{\mathrm{str}}$；$k_{\mathrm{str}}$ 为钢纤维混凝土斜压杆横截面面积的综合影响系数，按式（3-22）取值；b_{s} 为斜压杆的截面宽度；h_{c} 为柱端截面宽度；θ_{str} 为斜压杆倾角。

梁柱节点核心区剪切破坏时，核心区箍筋屈服，钢纤维混凝土斜压杆压碎，其核心区剪切变形 δ_{j} 可表示为：

$$\delta_{\mathrm{j}} = \frac{\delta_{\mathrm{j,str,u}}}{\cos\theta_{\mathrm{str}}} + \delta_{\mathrm{j,s}} = \frac{N_{\mathrm{j,str,u}}\sqrt{h_{\mathrm{b}}^2 + h_{\mathrm{c}}^2}}{E_{\mathrm{fc}}A_{\mathrm{str}}\cos\theta_{\mathrm{str}}} + \frac{n_{\mathrm{s}}f_{\mathrm{y}}}{E_{\mathrm{s}}}h_{\mathrm{c}}' \tag{5-19}$$

式中，$\delta_{\mathrm{j,s}}$ 为箍筋变形；$\delta_{\mathrm{j,str,u}}$ 和 $N_{\mathrm{j,str,u}}$ 分别为剪切破坏时钢纤维混凝土斜压杆的变形和压力，$N_{\mathrm{j,str,u}} = (V_{\mathrm{j}} - n_{\mathrm{s}}f_{\mathrm{y}}A_{\mathrm{s}})/\cos\theta_{\mathrm{str}}$；$n_{\mathrm{s}}$ 为节点核心区箍筋数量；f_{y} 为钢筋屈服强度；E_{s} 为钢筋弹性模量；h_{c}' 为柱最外侧钢筋间的距离。

梁柱节点核心区在受剪过程中，准确区分钢纤维混凝土斜压杆和箍筋承担剪力的比重较为复杂。为简化计算，核心区开裂至破坏阶段的剪切变形 δ_{j} 可按式(5-18) 和式(5-19) 之间的线性插值计算。

（3）梁柱节点荷载-位移（p-δ）曲线计算过程

梁端加载下梁柱节点荷载-位移曲线的计算流程见图 5-7，主要步骤如下：

① 由梁柱节点参数，确定梁柱节点核心区开裂荷载 $V_{\mathrm{j,cr}}$ 和极限受剪承载力 $V_{\mathrm{j,u}}$，以及梁端开裂弯矩 M_{cr} 和极限受弯承载力 $M_{\mathrm{b,u}}$；

② 梁端荷载 P 作用下，计算梁柱节点核心区剪力 V_{j}；

③ 若 V_{j} 小于核心区开裂荷载 $V_{\mathrm{j,cr}}$，则由式（5-18）计算核心区剪切变形；

④ 若 V_{j} 大于梁柱节点核心区开裂荷载 $V_{\mathrm{j,cr}}$，则核心区剪切变形 δ_{j} 在式(5-18) 和式(5-19) 之间进行线性插值计算；

⑤ 由式（5-7）计算梁端变形；

⑥ 由式（5-6）计算梁柱节点变形；

⑦ 随荷载 P 的增大，判断梁端和梁柱节点核心区是否达到极限状态；

⑧ 如果梁端达到极限状态 $M_{\mathrm{b,u}}$，则由式（5-12）计算梁端极限变形，由步骤 ②~④计算梁柱节点核心区变形；

⑨ 如果梁柱节点核心区达到极限状态，则由式（5-19）计算核心区剪切变形，由式（5-7）计算梁端变形。

为验证计算方法的有效性，选取在单调加载下分别发生梁端弯曲破坏和核心区剪切破坏的钢筋混凝土梁柱节点试件 RK3 和 RK4[134] 进行计算与对比，其极限位移

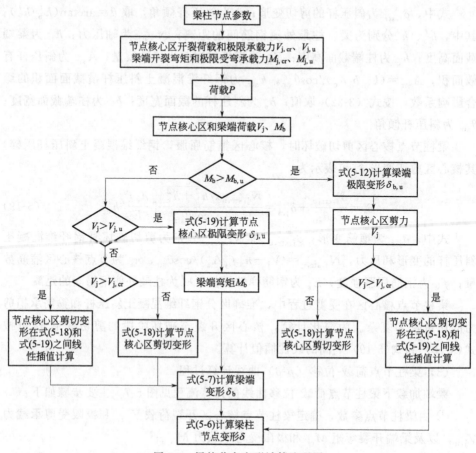

图 5-7　梁柱节点变形计算流程图

试验实测值与计算值之比的平均值为 1.207，均方差为 0.061，计算结果与试验结果吻合较好。因此，可利用建立的计算方法得到单调加载下梁柱节点的极限位移 δ_u。

5.3.3　模型参数确定

结合本书钢筋钢纤维高强混凝土梁柱节点循环加载的试验现象和钢筋混凝土结构损伤量化标准，钢筋钢纤维高强混凝土梁柱节点损伤演化过程可按表 5-1 进行量化。

表 5-1　梁柱节点损伤量化

损伤度	损伤值	试验现象
基本完好	0.00～0.10	混凝土未开裂，梁端、柱端以及梁柱节点核心区变形较小

损伤度	损伤值	试验现象
轻度	0.10～0.30	梁端出现垂直裂缝以及斜裂缝,梁柱节点核心区出现斜裂缝
中度	0.30～0.60	梁端垂直裂缝、斜裂缝扩展,梁端纵筋屈服,梁柱节点核心区出现交叉斜裂缝
严重	0.60～0.90	核心区箍筋屈服、交叉斜裂缝贯通,梁端明显主裂缝,混凝土开始剥落
失效	0.90～1.00	梁柱节点承载力丧失

以表 5-1 为基础,通过对本书及文献 [102] 的钢筋钢纤维高强混凝土梁柱节点试验结果的试算发现,η_1 为 0.12 时 η_2 的离散性较小,故取 $\eta_1 = 0.12$。根据对钢纤维体积率 ρ_f、配箍率 ρ_s 以及柱端轴压比 n 等不同试验参数的梁柱节点试件试验结果的拟合分析,得到不同试验参数梁柱节点试件的 η_2 值。结果表明,梁柱节点的 ρ_f、ρ_s 和 n 是影响 η_2 的主要因素,其关系式为:

$$\eta_2 = 1.480 + 0.556\rho_f + 31.072\rho_s + 1.840n \qquad (5\text{-}20)$$

5.3.4　模型验证

利用式(5-5)模型计算本书及文献 [50,102] 梁柱节点试件在屈服、极限和破坏等特征点处的损伤值见表 5-2。式(5-5)模型、Park-Ang 模型分别计算本书钢筋钢纤维高强混凝土梁柱节点试件和文献 [102] 钢筋混凝土梁柱节点试件在不同加载次数 n_n 下的损伤值 D,并与试验结果对比,见图 5-8。可见,式(5-5)模型能够较好描述循环荷载作用下梁柱节点损伤演化的过程。

表 5-2　特征点处梁柱节点试件损伤值

试件编号	混凝土设计强度等级	n	$\dfrac{l_f}{d_f}$	ρ_f	箍筋	D_y	D_u	D_f	$\dfrac{D_{y,t}}{D_y}$	$\dfrac{D_{u,t}}{D_u}$	$\dfrac{D_{f,t}}{D_f}$
B-1[102]	C60	0.3	40	0.5	2Φ8	0.31	0.72	0.92	1.129	1.111	1.087
B-2[102]	C60	0.3	40	1.0	0	0.33	0.74	0.94	1.061	1.081	1.064
B-3[102]	C60	0.3	40	1.5	0	0.29	0.76	0.97	1.207	1.053	1.031
C-1[102]	C60	0.2	40	1.0	0	0.27	0.69	0.95	1.296	1.159	1.053
C-2[102]	C60	0.4	40	1.0	0	0.49	0.84	0.96	0.714	0.952	1.042
S-3[50]	C40	0.1	100	1.6	2Φ10	0.38	0.81	1.06	0.921	0.988	0.943
BCJ1-0	C60	0.3	65	1.0	0	0.39	0.79	0.97	0.897	1.013	1.031
BCJ1-1	C60	0.2	65	1.0	0	0.36	0.77	0.97	0.972	1.039	1.031

钢纤维混凝土梁柱节点抗震性能

续表

试件编号	混凝土设计强度等级	n	$\dfrac{l_f}{d_f}$	ρ_f	箍筋	D_y	D_u	D_f	$\dfrac{D_{y,t}}{D_y}$	$\dfrac{D_{u,t}}{D_u}$	$\dfrac{D_{f,t}}{D_f}$
BCJ1-2	C60	0.4	65	1.0	0	0.41	0.83	1.02	0.854	0.964	0.980
BCJ2-0	C60	0.3	65	1.0	2Φ8	0.34	0.78	0.99	1.029	1.026	1.010
BCJ3-1	C60	0.3	65	0.5	2Φ8	0.36	0.77	0.96	0.972	1.039	1.042
BCJ3-2	C60	0.3	65	1.5	0	0.29	0.76	0.98	1.207	1.053	1.020
BCJ3-3	C60	0.3	65	2.0	0	0.37	0.78	0.95	0.946	1.025	1.053
平均值									1.016	1.039	1.029
均方差									0.162	0.057	0.037

注：D_y、D_u 和 D_f 分别表示梁柱节点在屈服、极限以及破坏时损伤指标的计算值，$D_{y,t}$、$D_{u,t}$ 和 $D_{f,t}$ 分别表示梁柱节点在屈服、极限以及破坏时损伤指标的试验值，$D_{y,t}$、$D_{u,t}$ 和 $D_{f,t}$ 分别为 0.35、0.80 和 1.00。

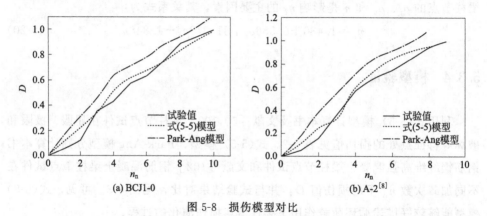

(a) BCJ1-0　　　　　　　　(b) A-2[8]

图 5-8　损伤模型对比

利用式(5-5) 模型可分析钢纤维体积率、核心区配箍率和柱端轴压比等对梁柱节点损伤的影响。选取混凝土强度等级为 C60，核心区钢纤维体积率 ρ_f 为 0.5%、1.0% 和 1.5%，配箍率 ρ_s 为 0、0.6% 和 1.2%，柱端轴压比为 0.2、0.3 和 0.4 的梁柱节点 JDM，其几何尺寸、梁柱配筋均与本书试件相同。用式(5-5) 模型计算得到的循环荷载作用下梁柱节点损伤随钢纤维体积率、核心区配箍率和柱端轴压比的变化见图 5-9。其中，梁柱节点 JDM 的滞回耗能利用三折线恢复力模型进行计算，其后的数字分别为柱端轴压比、钢纤维体积率和核心区配箍率。由图 5-9 可知，相同条件下，钢纤维体积率为 1.0% 和 1.5% 的梁柱节点损伤曲线上破坏点处的斜率较钢纤维体积率为 0.5% 的梁柱节点分别减小了 21.6% 和 34.7%；配箍率为 0.6% 和 1.2% 的梁柱节点损伤曲线上破坏点处的斜率较配箍率为 0 的梁柱节点分别减小了 36.9% 和 59.4%；柱端轴压比为 0.3 和

144

0.4 的梁柱节点损伤曲线上破坏点处的斜率较轴压比为 0.2 的梁柱节点分别减小了 12.5％和 17.1％。可见，在相同的加载次数下，梁柱节点损伤随钢纤维体积率、核心区配箍率和柱端轴压比的增加有减小的趋势。

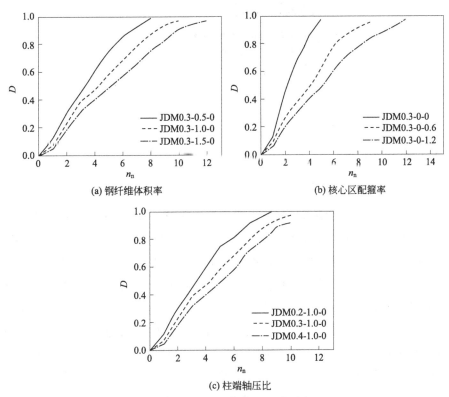

图 5-9　梁柱节点损伤的影响因素

6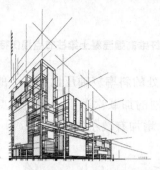

结论与展望

6.1 主要结论

本书通过钢筋钢纤维高强混凝土梁柱节点的循环加载试验,分析了钢筋钢纤维高强混凝土梁柱节点的破坏特征、荷载-位移滞回曲线、承载力和刚度退化、延性和耗能等抗震性能,探讨了钢筋钢纤维高强混凝土梁柱节点的受剪机理和影响受剪承载力的因素,结合软化拉压杆模型、修正压力场理论、混凝土八面体强度等理论和统计分析方法,分别建立了钢筋钢纤维高强混凝土梁柱节点受剪承载力计算方法,提出了综合反映主要因素影响的钢筋钢纤维高强混凝土梁柱节点恢复力性能和损伤特性计算方法,为编制我国的《钢纤维混凝土结构设计规程》提供了试验数据和理论参考。主要结论如下:

① 随钢纤维体积率和核心区配箍率的变化,循环荷载下的钢筋钢纤维高强混凝土梁柱节点试件发生核心区剪切破坏和梁端弯曲破坏。与钢筋高强混凝土梁柱节点相比,核心区剪切破坏的钢筋钢纤维高强混凝土梁柱节点试件核心区主斜裂缝宽度较小,与之平行的细小裂缝较多;梁端弯曲破坏的钢筋高强混凝土节点梁端斜裂缝较少,主裂缝是在柱边附近的垂直裂缝,且随钢纤维体积率和掺入梁端长度的增加,其距柱边的距离增加。增加钢纤维体积率、配箍率、混凝土强度和柱端轴压比可限制混凝土剪切变形,进而提高梁柱节点的梁纵筋与混凝土间摩阻力,改善梁柱节点梁纵筋的黏结锚固性能。

② 钢纤维有效改善了钢筋高强混凝土梁柱节点梁纵筋的黏结锚固性能,提高了混凝土斜压杆强度,使桁架机构和斜压杆机构的抗剪作用充分发挥,钢筋钢纤维高强混凝土梁柱节点的受剪机理可解释为斜压杆-桁架机构的综合作用。随钢纤维体积率、柱端轴压比和配箍率的增大,钢筋钢纤维高强混凝土梁柱节点受

剪承载力明显提高。将试验研究与理论分析相结合，建立了考虑钢纤维体积率、轴压比以及核心区配箍率影响并与钢筋混凝土梁柱节点受剪承载力计算相衔接的钢筋钢纤维高强混凝土梁柱节点受剪承载力计算方法。

③ 将混凝土中乱向分布的钢纤维等效为数量相等的水平和垂直配筋，提出了由斜压杆、水平和竖向抗力机构组成的钢筋钢纤维高强混凝土梁柱节点受剪软化拉压杆计算模型，明确了混凝土、钢纤维和箍筋对梁柱节点受剪承载力的贡献。根据钢筋钢纤维高强混凝土梁柱节点受力特征，将裂缝处乱向分布钢纤维的作用等效为钢纤维有效拉应力。在此基础上，基于修正压力场理论建立了钢筋钢纤维高强混凝土梁柱节点受剪承载力计算方法，提出了与钢筋混凝土梁柱节点受剪承载力计算公式相衔接的钢筋钢纤维高强混凝土梁柱节点受剪承载力简化计算方法。

④ 采用混凝土八面体强度模型，并以收集到的国内外钢筋钢纤维混凝土梁柱节点相关试验数据为基础，建立了梁柱节点破坏时核心区混凝土正应力与剪应力之间的关系，提出了钢筋钢纤维高强混凝土梁柱节点受剪承载力计算方法。

⑤ 柱端轴压比、节点核心区配箍率和钢纤维体积率是影响钢筋钢纤维高强混凝土梁柱节点恢复力性能的主要因素。随钢纤维体积率和核心区配箍率增加，梁柱节点的变形提高。相同条件下，与未掺加钢纤维的高强混凝土梁柱节点相比，钢纤维高强混凝土梁柱节点破坏时的变形平均提高了 37.3%；与核心区无箍筋的钢纤维高强混凝土梁柱节点相比，配箍率为 0.57% 的钢筋钢纤维高强混凝土梁柱节点破坏时变形提高了 28.9%；柱端轴压比提高了梁柱节点的峰值荷载，对变形影响较小，与轴压比为 0.2 的钢筋钢纤维高强混凝土梁柱节点相比，轴压比为 0.4 的钢筋钢纤维高强混凝土梁柱节点峰值荷载提高了 8.9%，破坏时变形仅提高了 3.2%。基于刚度退化和再加载路径指向定点的特征，建立了钢筋钢纤维高强混凝土梁柱节点三折线恢复力计算模型，给出了考虑柱端轴压比、钢纤维体积率和核心区配箍率影响的骨架曲线特征点、卸载刚度和承载力退化的计算方法。

⑥ 在相同的循环加载次数下，梁柱节点损伤随钢纤维体积率、核心区配箍率和轴压比的增加有减小趋势。相同条件下，钢纤维体积率为 1.0% 和 1.5% 梁柱节点损伤曲线上破坏点处的斜率较钢纤维体积率为 0.5% 梁柱节点分别减小了 21.6% 和 34.7%；配箍率为 0.6% 和 1.2% 梁柱节点损伤曲线上破坏点处的斜率较配箍率为 0 梁柱节点分别减小了 36.9% 和 59.4%；轴压比为 0.3 和 0.4 梁柱节点损伤曲线上破坏点处的斜率较轴压比为 0.2 梁柱节点分别减小了 12.5% 和 17.1%。根据循环荷载作用下钢筋钢纤维混凝土梁柱节点损伤演化特征，采用变形和累积能量耗散指标作为损伤参数建立了钢筋钢纤维高强混凝土梁柱节点损伤特性计算模型，提出了单调加载下钢筋钢纤维高强混凝土梁柱节点荷载-位移曲

线计算方法。

⑦ 随钢纤维体积率和轴压比的增加，钢筋钢纤维高强混凝土梁柱节点核心区抗裂承载力明显提高，与钢筋高强混凝土梁柱节点试件相比，钢筋钢纤维高强混凝土梁柱节点试件的抗裂承载力平均提高 26.3%；与轴压比为 0.2 的钢筋钢纤维高强混凝土梁柱节点试件相比，轴压比为 0.4 的梁柱节点试件抗裂承载力提高 15.2%。梁柱节点核心区开裂时箍筋应变较小，增加配箍率对抗裂承载力影响较小。根据混凝土主拉应力等于其初裂抗拉强度，提出了钢筋钢纤维高强混凝土梁柱节点核心区抗裂承载力计算方法。

6.2 展望

目前，钢筋钢纤维高强混凝土梁柱节点抗震性能尤其是其计算方法的研究相对较少，本书进行了钢筋钢纤维高强混凝土梁柱节点抗震性能试验研究，建立了相应的计算模型和公式。由于时间和试验条件限制，本书进行的钢筋钢纤维高强混凝土梁柱节点抗震性能研究并不全面和深入，尚需开展钢筋钢纤维高强混凝土梁柱节点的深入研究，包括：

① 钢纤维掺入梁端长度的影响。本书设计的钢纤维掺入梁端长度对比试件较少，其对梁柱节点抗震性能影响规律不明显，需进一步研究考虑钢纤维掺入梁端长度影响的钢筋钢纤维高强混凝土梁柱节点恢复力性能和损伤特性的计算方法。

② 节点核心区截面尺寸与梁纵筋直径比的影响。研究循环荷载下钢筋钢纤维高强混凝土梁柱节点梁纵筋的黏结锚固性能计算方法。本书初步探索了钢纤维体积率、轴压比、核心区箍筋和混凝土强度等对梁纵筋变形的影响，其黏结滑移曲线计算模型以及节点核心区截面尺寸与梁纵筋直径比等的影响需进一步研究。

③ 纤维类型的影响。随着建筑材料的发展，实际工程中出现了更多类型的纤维，有必要进一步研究纤维类型对钢筋钢纤维高强混凝土梁柱节点抗震性能的影响。

④ 梁柱截面高度比的影响。研究梁柱截面高度比对钢筋钢纤维高强混凝土梁柱节点抗震性能的影响。研究表明梁柱截面高度比对梁柱节点受剪承载力影响较小，其对梁柱节点滞回性能和损伤特性的影响需进一步研究。

⑤ 探讨数值计算方法。开展基于有限元分析的钢筋钢纤维高强混凝土梁柱节点抗震性能研究，建立适用于钢筋钢纤维高强混凝土梁柱节点的有限元分析模型，并对梁柱节点抗震性能的影响因素进行全面的分析。

参考文献

[1] GB 50011—2010, 建筑抗震设计规范[S]. 北京：中国建筑工业出版社，2010.

[2] ACI 318R—14, ACI Committee 318 Building code requirements for structural concrete and commentary [S]. Farmington Hills: American Conrete Institute, 2014.

[3] NZS 3101: 2006, Design of concrete structures [S]. Wellington: Concrete Structures Standards, 2006.

[4] 高丹盈，赵军，米海堂. 钢纤维混凝土设计与应用[M]. 北京：中国建筑工业出版社，2002.

[5] Parra-Montesinos G J, Peterfreund S W, Chao S H. Highly damage-tolerant beam-column joints through use of high-performance fiber-reinforced cement composites [J]. ACI Structural Journal, 2005, 102（3）: 487-495.

[6] Chidambaram R S, Agarwal P. Seismic behavior of hybrid fiber reinforced cementitious composite beam-column joints [J]. Materials & Design, 2015, 86: 771-781.

[7] Tang J R, Hu C B, Yang K J, et al. Seismic behavior and shear strength of frames joint using steel-fiber reinforced concrete [J]. Journal of Structural Engineering, ASCE, 1992, 118（2）: 341-358.

[8] Hanson N W, Conner H W. Seismic resistance of reinforced concrete beam-column joints [J]. Journal of the Structural Division, 1967, 93（5）: 533-560.

[9] 唐九如，冯纪寅，庞同和. 钢筋混凝土框架梁柱节点核心区抗剪强度试验研究[J]. 东南大学学报，1985, 15（4）: 61-74.

[10] Durrani A J, Wight J K. Behavior of interior beam-to-column connections under earthquake-type loading [J]. ACI Journal, 1985, 82（3）: 343-349.

[11] Kitayama K, Otani S, Aoyama H. Development of design criteria for RC interior beam-column joints [J]. Design of Beam-column Joints for Seismic Resistance, 1991: 97-123.

[12] Paulay T, Park R, Preistley M J N. Reinforced concrete beam-column joints under seismic actions [J]. ACI Journal, 1978, 75（11）: 585-593.

[13] Park R, Keong Y S. Tests on structural concrete beam-column joints with intermediate column bars [J]. Bulletin of the New Zealand National Society for Earthquake Engineering, 1979, 12（3）: 189-203.

[14] Paulay T, Priestley M J N. Seismic Design of Reinforced Concrete and Masonry Buildings [M]. New York: John Wiley & Sons Inc., 1992.

[15] Meinheit D F, Jirsa J O. The shear strength of reinforced concrete beam-column joints [M]. Austin: Department of Civil Engineering, Structures Research Laboratory, the University of Texas at Austin, 1977.

[16] Seckin M, Uzumeri S M. Exterior Beam-Column Joints in Reinforced Concrete Frames

[C] //Proceedings of the World Conference on Earthquake Engineering, Structural Aspects. Thrkey, 1980.

[17] Kim J, LaFave J M. Key influence parameters for the joint shear behaviour of reinforced concrete(RC) beam-column connections[J]. Engineering Structures, 2007, 29(10): 2523-2539.

[18] 框架节点专题研究组. 低周反复荷载作用下钢筋混凝土框架梁柱节点核心区抗剪强度的试验研究[J]. 建筑结构学报, 1983, 4(6): 1-17.

[19] 赵成文, 张殿惠. 反复荷载下高强混凝土框架内节点抗震性能试验研究[J]. 沈阳建筑工程学院学报, 1993, 9(3): 260-268.

[20] Ehsani M R, Wight J K. Exterior reinforced concrete beam-to-column connections subjected to eartquake-type loading[J]. ACI Structural Journal, 1985, 82(4): 492-499.

[21] 朱春明, 王薄, 陈敬安. 高强混凝土框架节点的抗剪强度[C] //混凝土结构基本理论及应用第二届学术讨论会论文集(第二卷). 北京, 1990.

[22] Scott R H, Feltham I, Whittle R T. Reinforced concrete beam-column connections and BS 8110[J]. Structural Engineer, 1994, 72(4): 56-60.

[23] Leon R T. Shear strength and hysteretic behavior ofinterior beam-column joints[J]. ACI Structural Journal, 1990, 87(1): 3-11.

[24] Soleimani D, Popov E P, Bertero V V. Hysteretic behavior of reinforced concrete beam-column subassemblages[J]. ACI Structural Journal, 1979, 76(11): 1179-1196.

[25] Hakuto S, Park R, Tanaka H. Seismic load tests on interior and exterior beam-column joints with substandard reinforcing details[J]. ACI Structural Journal, 2000, 97(1): 11-25.

[26] Zhang L, Jirsa J O. A study of shear behavior of reinforced concrete beam-column joints [M]. Phil M. Austin: Ferguson Structural Engineering Laboratory, University of Texas at Austin, 1982.

[27] 唐九如. 钢筋混凝土框架节点抗震[M]. 南京: 东南大学出版社, 1989.

[28] 李永学. 钢筋混凝土框架节点的抗震分析[J]. 地震工程与工程振动, 1993, 13(1): 77-87.

[29] Tsonos A G, Tegos I A, Penelis G G. Seismic resistance of type 2 exterior beam-column joints reinforced with inclined bars[J]. ACI Structural Journal, 1992, 89(1): 3-12.

[30] Hwang S J, Lee H J. Analytical model for predicting shear strengths of exterior reinforced concrete beam-column joints for seismic resistance[J]. ACI Structural Journal, 1999, 96 (5): 846-858.

[31] Hwang S J, Lee H J. Analytical model for predicting shear strengths of interior reinforced concrete beam-column joints for seismic resistance[J]. ACI Structural Journal, 2000, 97 (1): 35-44.

[32] De Otiz R. Strut-and-tie modelling of reinforced concrete: short beams and beam-column joints[D]. London: University of Westminster, 1993.

[33] Vollum R L, Newman J B. Strut and tie models for analysis/design of external beam-column joints[J]. Magazine of Concrete Research, 1999, 51(6): 415-426.

[34] Park S, Mosalam K M. Parameters for shear strength prediction of exterior beam-column

joints without transverse reinforcement[J]. Engineering Structures, 2012, 36: 198-209.

[35] Pauletta M, Di Luca D, Russo G. Exterior beam column joints-shear strength model and design formula[J]. Engineering Structures, 2015, 94: 70-81.

[36] Vecchio F J, Collins M P. The modified compression-field theory for reinforced concrete elements subjected to shear[J]. ACI Structural Journal, 1986, 83 (2): 219-231.

[37] Wong H F, Kuang J S. Effects of beam—column depth ratio on joint seismic behaviour[J]. Proceedings of the Institution of Civil Engineers-Structures and Buildings, 2008, 161 (2): 91-101.

[38] 刘鸣, 邢国华, 吴涛, 等. 基于 MCFT 理论的 RC 框架节点受剪性能研究[J]. 土木工程学报, 2011, 44 (2): 82-89.

[39] Tsonos A G. Lateral load response of strengthened reinforced concrete beam-to-column joints [J]. ACI Structural Journal, 1999, 96: 46-56.

[40] Attaalla S A. General analytical model for nominal shear stress of type 2 normal-and high-strength concrete beam-column joints [J]. ACI Structural Journal, 2004, 101 (6): 881-882.

[41] Wang G L, Dai J G, Teng J G. Shear strength model for RC beam-column joints under seismic loading[J]. Engineering Structures, 2012, 40: 350-360.

[42] Bakir P G, Boduroğlu H M. A new design equation for predicting the joint shear strength of monotonically loaded exterior beam-column joints[J]. Engineering Structures, 2002, 24 (8): 1105-1117.

[43] Sarsam K F, Phipps M E. The shear design of in situ reinforced concrete beam-column joints subjected to monotonic loading [J]. Magazine of Concrete Research, 1985, 37 (130): 16-28.

[44] Hegger J, Sherif A, Roeser W. Nonseismic design of beam-column joints[J]. Structural Journal, 2003, 100 (5): 654-664.

[45] 赵鸿铁, 方平. 框架边节点强度的试验分析及计算[J]. 西安建筑科技大学学报, 1987, 1: 9.

[46] 方根生, 欧阳林. 低周反复荷载下钢筋混凝土框架边节点抗剪强度的试验研究[J]. 西南交通大学学报, 1990 (2): 33-38.

[47] Henager C H. Steel fibrous ductile concrete joint for seismic-resistant structures[C] // Reinforced Concrete Structures in Seismic Zones, SP-53. Detroit: American Concrete Institute, 1977: 371-386.

[48] Olariu I, Ioani A, Poienar N. Seismic behaviour of steel fiber concrete beam-column joints [C] //Proc. of 10th World Conference on Earthquake Engineering. Madrid, Spain, 1992: 3169-3174.

[49] 章文纲, 程铁生. 钢纤维砼框架节点抗震性能的研究[J]. 建筑结构学报, 1989, 10 (1): 35-45.

[50] Filiatrault A, Ladicani K, Massicotte B. Seismic performance of code-designed fiber reinforced concrete joints[J]. ACI Structural Journal, 1994, 91 (5): 564-571.

[51] Gefken P R, Ramey M R. Increased joint hoop spacing in type 2 seismic joints using fiber re-

inforced concrete [J]. ACI Structural Journal, 1989, 86 (2): 168-172.

[52] Gebman M. Application of steel fiber reinforced concrete in seismic beam‐column joints [M]. San Diego: San Diego State University, 2001.

[53] Stevenson E C. Fibre reinforced concrete in seismic design [M]. Christchurch: University of Canterbury, 1980.

[54] 王宗哲, 王崇昌, 黄良璧. 钢纤维混凝土框架边节点的抗震性能[J]. 西安冶金建筑学院学报, 1989, 21 (3): 25-36.

[55] Gencoglu M, Ilhan E. An experimental study on the effect of steel fiber reinforced concrete on the behaviour of the exterior beam-column joints subjected to reversed cyclic loading [J]. Turkish Journal of Engineering Science, 1989, 26 (6): 493-502.

[56] Bayasi Z, Gebman M. Reduction of lateral reinforcement in seismic beam-column connection via application of steel fibers [J]. ACI Structural Journal, 2002, 99 (6): 772-780.

[57] 唐九如, 杨开建, 周起敏. 钢纤维砼对框架节点性能的改善[J]. 建筑结构学报, 1989, 10 (4): 37-44.

[58] Jindal R L, Hassan K A. Behavior of steel fiber reinforced concrete beam-column connections [J]. Special Publication, 1984, 81: 107-124.

[59] Filiatrault A, Pineau S, Houde J. Seismic behavior of steel-fiber reinforced concrete interior beam-column joints [J]. ACI Structural Journal, 1995, 92 (5): 543-552.

[60] 朱锡均, 白绍良, 岳昌年. 钢筋混凝土框架掺钢纤维顶层边节点抗震性能研究[J]. 重庆建筑工程学院学报, 1990, 12 (4): 1-15.

[61] 郑七振, 魏林. 钢纤维混凝土框架节点抗剪承载力的试验研究与机理分析[J]. 土木工程学报, 2005, 38 (9): 89-93.

[62] 王辉家. 钢纤维混凝土框架边节点破坏机理及抗剪强度[J]. 西安冶金建筑学院学报, 1991, 23 (4): 467-475.

[63] 蒋永生, 卫龙武, 徐金法. 钢纤维高强砼框架节点性能的试验研究[J]. 东南大学学报, 1991, 21 (2): 72-79.

[64] 刘翠兰, 肖良丽, 彭建. 高强混凝土框架边节点抗震性能分析[J]. 甘肃工业大学学报, 2002, 28 (4): 96-99.

[65] Shannag M J, Abu-Dyya N, Abu-Farsakh G. Lateral load response of high performance fiber reinforced concrete beam-column joints [J]. Construction and Building Materials, 2005, 19 (7): 500-508.

[66] Ganesan N, Indira P V, Abraham R. Steel fibre reinforced high performance concrete beam-column joints subjected to cyclic loading [J]. ISET Journal of Earthquake Technology, 2007, 44 (3-4): 445-456.

[67] 俞家欢, 王昊楠, 贺改先. 钢纤维混凝土边节点抗震性能研究[J]. 沈阳建筑大学学报, 2007, 23 (1): 20-24.

[68] Röhm C, Novák B, Sasmal S, et al. Behaviour of fibre reinforced beam-column sub-assem-blages under reversed cyclic loading [J]. Construction and Building Materials, 2012, 36: 319-329.

［69］ Shakya K, Watanabe K, Matsumoto K. Application of steel fibers in beam-column joints of rigid-framed railway bridges to reduce longitudinal and shear rebars［J］. Construction and Building Materials, 2012, 27（1）: 482-489.

［70］ Powell G H, Allahabadi R. Seismic damage prediction by deterministic methods: Concepts and procedures［J］. Earthquake Engineering & Structural Dynamics, 1988, 16（5）: 719-734.

［71］ Banon H, Irvine H M, Biggs J M. Seismic damage in reinforced concrete frames［J］. Journal of the Structural Division, 1981, 107（9）: 1713-1729.

［72］ Krawinkler H, Zohrei M. Cumulative damage in steel structures subjected to earthquake ground motions［J］. Computers & Structures, 1983, 16（1）: 531-541.

［73］ Darwin D, Nmai C K. Energy dissipation in RC beams under cyclic load［J］. Journal of Structural Engineering, 1986, 112（8）: 1829-1846.

［74］ Park Y J, Ang A H S. Mechanistic seismic damage model for reinforced concrete［J］. Journal of Structural Engineering, 1985, 111（4）: 722-739.

［75］ 江近仁, 孙景江. 砖结构的地震破坏模型［J］. 地震工程与工程振动, 1987, 7（1）: 20-34.

［76］ 牛荻涛, 任利杰. 改进的钢筋混凝土结构双参数地震破坏模型［J］. 地震工程与工程振动, 1996, 16（4）: 44-54.

［77］ 李军旗, 赵世春. 钢筋混凝土构件损伤模型［J］. 兰州铁道学院学报, 2000, 19（3）: 25-27.

［78］ 吕大刚, 王光远. 基于损伤性能的抗震结构最优设防水准的决策方法［J］. 土木工程学报, 2001, 34（1）: 44-49.

［79］ Penizen J. Dynamic response of elastic-plastic frames［J］. Journal of Structural Div., ASCE, 1962, 86（7）: 9-15.

［80］ Clough R W. Effect of stiffness degradation on earthquake ductility requirements［C］//Proceeding of the 2nd Japan Eatrhquake Engineering Symposium. Tokyo, 1996: 227-232.

［81］ Takeda T, Sozen M A, Nielsen N N. Reinforced concrete response to simulated earthquakes［J］. Journal of the Structural Division, 1970, 96（12）: 2557-2573.

［82］ Saiidi M, Sozen M A. Simple nonlinear seismic analysis of R/C structures［J］. Journal of the Structural Division, 1981, 107（5）: 937-953.

［83］ 朱伯龙, 张琨联. 矩形及环形截面压弯构件恢复力特性的研究［J］. 同济大学学报, 1981, 9（2）: 1-10.

［84］ 吕西林, 郭子雄, 王亚勇. RC框架梁柱组合件抗震性能试验研究［J］. 建筑结构, 2001, 22（1）: 2-7.

［85］ 寇佳亮, 梁兴文, 邓明科. 纤维增强混凝土剪力墙恢复力模型试验与理论研究［J］. 土木工程学报, 2013, 46（10）: 58-70.

［86］ 王斌, 郑山锁, 国贤发, 等. 考虑损伤效应的型钢高强高性能混凝土框架柱恢复力模型研究［J］. 建筑结构学报, 2012, 33（6）: 69-76.

［87］ 李响, 梁兴文. 高性能混凝土剪力墙恢复力模型研究［J］. 地震工程与工程振动, 2012（5）: 42-48.

［88］ 齐岳, 郑文忠. 核心高强混凝土柱荷载-位移恢复力模型［J］. 哈尔滨工业大学学报, 2010

（4）：531-535.

［89］ 陈林之，蒋欢军，吕西林. 修正的钢筋混凝土结构 Park‐Ang 损伤模型［J］. 同济大学学报，2010，38（8）：1103‐1107.

［90］ 李凤兰，黄承逵，温世臣. 低周反复荷载下钢纤维高强混凝土柱延性试验研究［J］. 工程力学，2006，22（6）：159‐164.

［91］ 杜晓菊，张耀庭. 钢筋混凝土构件损伤模型的比较研究［J］. 地震工程与工程振动，2015，35（4）：222‐229.

［92］ JGJ 101—96，建筑抗震试验方法规程［S］. 北京：中国建筑工业出版社，1997.

［93］ GB 50010—2010，混凝土结构设计规范［S］. 北京：中国建筑工业出版社，2010.

［94］ JGJ 63—2006. 混凝土用水标准［S］. 北京：中国建筑工业出版社，2006.

［95］ GB 50081—2002，普通混凝土基本力学性能试验方法标准［S］. 北京：中国建筑工业出版社，2010.

［96］ 陈永春，高红旗，马颖军. 反复荷载下钢筋砼平面框架梁柱节点受剪承载力及梁筋黏结锚固性能的试验研究 ［J］. 建筑科学，1995（1）：3‐11.

［97］ Leon T R. Interior joints with variable anchorage lengths［J］. Journal of Structural Engineering，1989，115（9）：2261‐2275.

［98］ 过镇海，时旭东. 钢筋混凝土原理和分析［M］. 北京：清华大学出版社，2003.

［99］ 赵国藩. 高等钢筋混凝土结构学［M］. 北京：机械工业出版社，2005.

［100］ 安玉杰，赵国藩，黄承逵. 配筋钢纤维混凝土构件承载力计算方法的研究［J］. 土木工程学报，1993，26（1）：38‐46.

［101］ Fujii S，Morita S. Comparison between interior and exterior RC beam-column joint behavior ［J］. Journal of Structural Engineering，ASCE，1992，118（2）：145‐165.

［102］ 张军伟. 钢纤维混凝土边节点和牛腿受力性能研究［D］. 郑州：郑州大学，2010.

［103］ Ganesan N，Indira P V，Abraham R. Steel fiber reinforced high performance concrete beam-column joints subjected to cyclic loading［J］. ISET Journal of Earthquake Technology，2007，44（3/4）：445‐456.

［104］ Hwang S J，Lu W Y，Lee H J. Shear strength prediction for deep beams［J］. ACI Structural Journal，2000，97（3）：367‐376.

［105］ Hwang S J，Fang W H，Lu W Y，et al. Analytical model for predicting shear strength of squat walls［J］. Journal of Structural Engineering，2001，127（1）：43‐50.

［106］ 祝明桥，方志，程火焰，等. 配筋钢纤维高强混凝土薄壁箱梁受扭性能分析［J］. 建筑结构学报，2005，26（1）：108‐113.

［107］ 框架节点专题组. 低周反复荷载下钢筋混凝土框架梁柱节点核心区抗剪强度的试验研究［J］. 建筑结构学报，1983（6）：1‐17.

［108］ Romualdi J P，Mandel J A. Tensile strength of concrete affected by uniformly distributed and closely spaced short lengths of wire reinforcement［J］. ACI Materials Journal，1964，61（6）：657‐672.

［109］ Tan K H，Murugappan K，Paramasivam P. Shear behavior of steel fiber reinforced concrete beams［J］. ACI Structural Journal，1993，90（1）：3‐11.

[110] 唐兴荣，蒋永生，丁大钧. 软化桁架理论在钢纤维高强砼低剪力墙中的应用[J]. 建筑结构学报，1993，14（2）：2-11.

[111] Voo J Y L, Foster S J. Variable engagement model for fibre reinforced concrete in tension. UNICIV Report No. R-420 June 2003 [R]. Sydney, Australia: The University of New South Wales, 2003: 80-86.

[112] Khuntia M, Stojadinovic B, Goel S C. Shear strength of normal and high strength fiber reinforced concrete beams without stirrups[J]. ACI Structural Journal, 1999, 96（2）: 282-290.

[113] Vecchio F J, Collins M P. The modified compression field theory for reinforced concrete elements subjected to shear[J]. ACI Structural Journal, 1986, 83（2）: 219-231.

[114] Vecchio F J, Collins M P. Predicting the response of reinforced concrete beams subjected to shear using modified compression field theory [J]. ACI Structural Journal, 1988, 85（3）: 258-268.

[115] AASHTO LRFD, Bridge design specifications and commentary[S]. Washington, D. C.: American Association of State Highway Transportation Officials, 2004.

[116] Spinella N, Colajanni P, Mendola L L. Nonlinear analysis of beams reinforced in shear with stirrups and steel fibers[J]. ACI Structural Journal, 2012, 109（1）: 53-64.

[117] Xie L P, Bentz E C, Collins M P. Influence of axial stress on shear response of reinforced concrete elements[J]. ACI Structural Journal, 2011, 108（6）: 745-754.

[118] Bresler B, Pister K S. Strength of concrete under combined stresses[J]. Journal of American Concrete Institute, 1958, 55（9）: 321-345.

[119] 赵鸿铁. 钢筋砼梁柱节点的抗裂性[J]. 建筑结构学报，1990，11（6）：38-48.

[120] 魏林，郑七振，邵震蒙. 钢纤维混凝土框架节点抗裂强度的研究[J]. 上海理工大学学报，2004，26（2）：72-78.

[121] 郭子雄，吕西林. 高轴压比框架柱恢复力模型试验研究[J]. 土木工程学报，2004，37（5）：32-38.

[122] 李宏男，李兵. 钢筋混凝土剪力墙抗震恢复力模型及试验研究[J]. 建筑结构学报，2004，25（5）：35-42.

[123] Panagiotakos T B, Fardis M N. Deformations of reinforced concrete members at yielding and ultimate[J]. ACI Structural Journal, 2001, 98（2）: 135-148.

[124] Saatcioglu M, Razvi S R. Strength and ductility of confined concrete [J]. Journal of Structural Engineering, ASCE, 1992, 118（6）: 1590-1607.

[125] Kheni D, Scott R H, Deb S K, et al. Ductility enhancement in beam-column connections using hybird fiber-reinforced concrete[J]. ACI Structural Journal, 2015, 112（2）: 167-178.

[126] Park Y J, Ang H S. Mechanistic seismic damage modelfor reinforced concrete[J]. Journal of Structural Engineering, ASCE, 1985, 111（4）: 722-739.

[127] Rao S P, Sarma S B, Lakshmanan N, et al. Damage model for reinforced concrete elements under cyclic loading[J]. ACI Structural Journal, 1998, 95（6）: 682-690.

[128] 王斌，郑山锁，国贤发，等. 型钢高强高性能混凝土框架柱地震损伤分析[J]. 工程力学，2012，29（2）：61-68.

[129] Sahoo R D, Sharma A. Effect of steel fiber content on behavior of concrete beams with and without stirrups[J]. ACI Structural Journal, 2014, 111（5）: 1157-1166.

[130] 袁媛. 钢筋钢纤维混凝土短梁受弯性能试验研究[D]. 郑州：郑州大学，2006：56-60.

[131] 刘兰，卢亦焱，徐谦. 钢筋钢纤维高强混凝土梁的抗弯性能试验研究[J]. 铁道学报，2010，32（5）：130-135.

[132] 林涛，黄承逵. 钢筋钢纤维高强混凝土梁抗弯性能的试验研究[J]. 建筑结构，2003，33（5）：16-19.

[133] Ashour A S, Wafa F F. Flexural behavior of high-strength fiber reinforced concrete beams [J]. ACI Structural Journal, 1993, 90（3）: 279-287.

[134] Reihorn A M, Kunnath S K, Mander J B. Seismic design of structures for damage control [J]. Nonlinear Seismic Analysis and Design of Reinforced Concrete Buildings, 1992: 63-77.